これからの社会を考えるための科学講義

天と地と人のあいだで

池内了
Satoru Ikeuchi

青土社

目次

これからの社会を考えるための科学講義　天と地と人のあいだで

はじめに

　私のような者にも講演依頼があり、最近まで一年に二〇回程度出かけて話をしていました。二〇二〇年早々から二三年の春まではコロナウイルス感染症のため対面での講演ではなく、ネットによる大写しの画面を送るズーム講演が増えました。わざわざ講演会場まで出かける必要がなく、自宅でしゃべることができるので楽なのですが、聴衆の表情がわからないという欠点がありました。対面の講演なら、聞いている人たちが頷いたり、首を傾げたりする様子を見ながら、しゃべる内容や言葉遣いを微調整することができるのですが、ズーム講演ではそれができないため、一本調子になってしまうキライがありました。二〇二三年夏になって、ようやく対面の講演の機会が増え、いつもの調子で講演することができるようになりました。

そこで、ふと思い当たったのが、講演のために準備をたっぷりし、それなりに上手く話すことができたという手ごたえがあった講演内容が、そのまま消えてしまうことです。むろん、講演に使ったパワーポイントは残っていますが、そこに書いた以上のことをしゃべったのに記録に残りません。これは何とも残念なことだと思ったのです。

さらに、二〇二四年になって私の胃にがん細胞が発見され、胃の三分の二を切除しなければならない事態になり、今後講演活動が自由に行えなくなりそうな気配です。そうなると、文章以外に私の意見を述べる機会が激減するでしょう。そこで、せめて最近行った講演内容をまとめて文章化しておこうと考えました。もうそろそろ引退する時期が来たのだと覚悟したのです。これが遺書になるかもしれない、とまで切羽詰まった気分になり、やはり人生の節目となる時期であることを強く意識したわけです。それが本書をまとめた動機です。講演でしゃべったことを軸にして、文章化しているうちに思いついて新たに付け加えた部分もありますが、おおむね現在の私の心境にマッチした内容になっていると思います。

取り上げた講演は、二〇二四年の二月から六月までのものです。ただ時系列で並べるのは芸がないので、少し工夫をしてみました。まず第1話として、私の講演に親しみを感じてもらうため、二〇二四年六月に行った大阪母親大会の講演を冒頭に持ってきました。私は、若い頃に母親大会の全国集会に参加して無認可保育所運営を行った経験を報告したことから始め、天＝宇宙、地＝地球、人＝私たち、の営みを俯瞰して述べ、人間力こそが世界の平和を作り出すことを話しました。私の講演の総括的な側面も含まれていると考え、本書を象徴する講演だと考え冒頭に持ってきたのです。

そして、残りの講演では主に原発問題と軍拡が急速に進む日本を中心に話しています。いずれも、ここ数年私が特に熱意をもって勉強をしてきたテーマで、それなりに独自の意見や見解を述べられると自信を持って講演したものです。

原発問題は、福島での原発事故後一四年近く経った現在、改めて原発が抱えている問題点を洗い出すべきという問題意識もあって、特に講演で取り上げてきたものです。第2話は、原発裁判を戦っておられる弁護士事務所の勉強会でしゃべった内容で、裁判所に提出する「意見書」を科学者の視点から書くという前提でまとめてみました、第3話は、原発裁判の原点と言うべき伊方原発訴訟とその最高裁判決の歴史的意義について振り返ってみました。それに比べたら、二〇二二年六月に出された最高裁判決のお粗末なこと、日本の司法の劣化が読み取れるでしょう。第4話は、私が新潟県の原発事故の検証総括委員長になり、その後解任された経緯の詳細を述べたもので、原発行政と地方自治について深く考えさせられました。

続くのは、軍拡が急速に進む日本についての講演ばかりです。今や日本は軍事費の大盤振る舞いで軍事大国への道を歩みつつあり、「戦争のできる国」そして「死の商人の国」になろうとしています。それに警告を発し、抗うことを呼びかけたものです。第5話は、使用済み核燃料の放棄地にさせられかねない青森において、原発と軍拡は共存できないことを述べ、原発問題と軍拡日本の矛盾を論じました。また第6話は、軍拡日本において科学者の軍事路線への動員について現状をまとめたもので、科学の世界が軍事に浸食されつつある現状を訴えました。続く第7話は、「新しい戦前」という言葉が広がりましたが、その内実はどうであるかを「かつての戦前」と比較して論じてみました。そして成すべきことは、平和憲法を前面に出して、「新しい戦前」を霧消させることなのです。

以上、簡単に本書の内容を紹介しましたが、どこから読んでも、私が講演で語りたかったことが読み取れるのではないかと思います。幅広く想像を広げながら、私の思いと共鳴していただければありがたく思います。

第１話
天と地と人のあいだで
かけがえのない地球で世界の子どもたちに平和を！

二〇二四年六月二九日　第六八回大阪母親大会

自己紹介

母親大会への最初の参加

私と母親大会とは浅からぬ縁があります。その最初は、一九七三年ですからもう五二年も前になるのですが、その年の八月に京都で母親大会の全国集会があり、そこにお腹が大きくなったカミさんと二人で、京都大学の法経第一教室の演壇で話をしたことです。私たち夫婦は前年に結婚して子どもができたことがわかり、さっそく当面した保育所問題に取り組んでいる経緯を報告することになったのです。

私が助手として勤めていた京大には既に二つの職場保育所（「紅い実保育園」「風の子保育園」）が作られ、認可されていました。認可されると四月には定員を満たすので、年度途中で生まれる子どもたちは直ちに保育所問題に遭遇せざるを得ません。現在は、望めばなんとかどこかの保育所に入所できる時代になりつつあるようですが、最近までは空きが出るまで待たざるを得ない状況が続いてきたのです。わが家のように両親に子育てを頼むことができず、しかし二人とも仕事を続けたい意志を持つ夫婦にとっては、保育所問題が至難の問題でありました。そんなことはすぐにわかりそうですが、わかっても保育所がないから子どもを諦める（あるいは仕事を辞める）というわけにはいきません。結局、年度途中で子どもが生まれる予定の夫婦たちが力を合わせて無認可保育を始めるしかなかったのです。

わが家の場合は九月出産予定で、大学の非常勤講師をしていたカミさんは、後期の授業が始まる一〇月から子どもを預けたいと願っていました。そのためさっそく、無認可保育を開始することに取り組まざるを得なくなったわけです。そこでまず、京大病院を本拠にした無認可保育から最近認可されたばかりの「風の子保育園」の助けを得て、保育所を希望している看護師さんたちを調べました。京大病院に勤めている看護師さんの需要が高いだろうと考えたわけです。その結果、さっそく六月に産休明けになる京大病院勤めの看護師さん夫婦を始め、わが家が必要となる九月までに保育所を必要とする六組の夫婦が集まりました。実際の需要の高さに驚くとともに、無認可であれ保育所ができると、さらに参加してくる夫婦も多くなるだろうということでした。認可保育園に定員オーバーで入れなかった夫婦もいるし、何十キロメートルも離れた二カ所の保育園に二人の子どもを預けてクタクタの夫婦もいるからです。

私は京大の助手になって一年目でしたが、助手は時間的余裕があり、病院長との交渉などでは教員を先頭に立てた方が押しが効くというので、無認可保育運動の責任者にさせられました。工学部に務めるベテラン事務官であるSさんの作戦でした。最初、京大の病院長に無認可保育園のための場所を貸してくれるよう交渉したのですが、「昨年、認可保育園を作ったばかりなのに、また保育所の要求か」と相手にしてくれません。そこでやむなく、四月に出産し六月に産休明けとなるSさん宅の二階を借りて無認可保育園を開設しました。それから病院長とは何度も交渉を重ねて保育所の必要性を理解してもらい、九月にはなんとか病院の建物の一室を保育所のために借りることができました。看護師さんたちの要求が強いことを病院長も認めざるを得なかったのです。さらに京大総長との交渉もあって、京大職員組合に力を貸してもらいました。京大に二つも職場保育所を設立し、京都市に認可させる上では職員組合の力があったからこそのことでした。

一九七三年の母親大会は八月でしたから、娘が産まれる一カ月前の頃で、大きなお腹のカミさんと共に、以上のような無認可保育所を始めた経過を参加者の前で報告し、「ポストの数ほど保育所を！」という要求を訴えたのでした。

実際の無認可保育の実態のことを話しておきましょう。京大病院から部屋を借りられても、炊事用具や洗濯機や下駄箱などの家具をあちこちから調達する必要があり、成すべきことは山のようにありました。それらには、京大病院に務める看護師さんの夫で、京大の職員であるSさんのような方が大いに力を発揮しました。何かが足りないと言って相談すると、学内の廃品を探査するのでいつの間にか揃っているのです。

一番頭を悩ませた問題は、無認可保育所に務めてくれる保育者を探すことでした。しかし、風の子保育園が認可される段階で保育者の資格を持たない人が整理されたのですが、その人たち一人一人に声をかけて雇用することにしました。もう一つの問題は、子どもを預ける夫婦からの拠出金で保育者の給料を賄うのですから、かなりの額を徴取しなければならず、財政基盤の弱さが大変でした。認可保育園に空きができると、私たちの無認可保育園を出て入園するので、もう拠出金を当てにすることができなくなります。そのため出産予定の新たな夫婦の参加が必要で、まさに自転車操業でした。会計や庶務や厚生の仕事は夫に依頼するのですが、一般の企業に働く厳しい職場の人もいて気軽に頼むわけにはいきません。しかし、無認可保育園の役職を持った男性たちはみんな積極的に仕事を引き受けてくれました。そんな男性たちが親睦のためにと「保育園トラの会」と称する飲み会を催し、互いに元気づけ合ったものです。九月二三日に誕生した私の娘は、翌年の一月から「風の子保育園」に入所することができ、無認可保育園を卒園できたのですが、その経験を買われてさっそく四月から「風の子保育園」の運営委員長を仰せつかりました。そして結局、一九七七年一二月に北海道大学へ赴任するまで、京大保育園との関係が続くことになったわけです。

子どもの「成長の法則」

北大には一九七七年から一九八五年まで助教授として七年勤務し、その後東京大学附置研究所の東京天文台に移り、それが国立天文台に移行した一九八八年に教授になりました。その間はカミさんと娘とは別居したままでしたが、東京で暮らした一九九二年までの八年間のうち、娘が中学二年から高校を卒業するまでの五年間、三鷹の東京天文台構内にあった宿舎で二人暮らしをしました。父子家庭というわけで、このときはカミさんが京都から毎週三鷹に通いました。この頃は娘が買い物と料理を担当してくれ、家の掃除や洗濯など他の家事の一切は私の役目で、喧嘩もせず仲良く暮らしました。和光高校に通っていた娘の父母会には男性の私が毎回出席していたこともあり、PTAの役員をやらされ、広報担当でニュース発行を二年間続けました。娘が高校を卒業して東京保育専門学校に入学してからは、「親離れ子離れ」は早い方がいいというわけで、同じ東京ですが娘は葛飾に住み、私は三鷹で単身生活に戻りました。

こうして、娘は自立して私たちの庇護から離れていったのですが、この間当時のほかの父親に比べて、私は子育てにはそれなりに熱心であったのではないでしょうか。科学者の習性が身に付いているせいで、私には何事についても法則を見出そうとする癖があります。子どもの成長過程についても興味を持って詳しく観察し、私流に法則化してみました。つまり、子どもは年齢とともに成長に「節」があり、その節を経るごとに一回り大きく成長する、そんな「成長の法則」です。そのとき発見した法則とは、

①自己の確認時期：三歳になって自他の区別がつき、六歳になって自己を客観視できる、

②人間関係の拡大時期：九歳になって同学年の友人との関係が豊かになり、一二歳になって異性や大人との関係へと広がる、

③時間の流れを認識した通時的発想の獲得時期：一五歳になって高校進学から自分の進路を考え始め、一八歳になって大学進学から将来の仕事を想像して自立意識を培う、

というものです。子どもの成長が大きく①から③の三段階に分かれ、その間の三年ごとに成長の節目があるとした現象論で、我ながらよい理論であると自賛していたものです。こんなことを交流できる父親大会があってもいいのに、と思ったことでした。

その後の単身赴任生活

娘が私の羽の下から飛び出していくと、とたんに私は「四八歳の抵抗」ならぬ老年期前の憂鬱の時期を迎えました。これから老年期に入ろうとするのに、たいした仕事もできて

いない自分を省みて情けなくなり、加えて単身赴任の寂しさが強く身に染みるようになったためでしょう。そこでカミさんと同居する決心をして一九九二年に大阪大学に移り、一五年ぶりに単身赴任を切り上げて京都で同居するようになりました。京都の桂から阪大の豊中キャンパスに通うようになったのです。一九九四年に阪急電車の南茨木駅と柴原（阪大キャンパス）間の大阪モノレールが開通して、通勤時間が短縮されました。

しかし、長く一人で気ままに生活をしてきたせいか、そのうちに二人で暮らすのをひどく窮屈と感じるようになりました。ご飯を食べ、お風呂に入り、テレビを見、一週間に一度家の大掃除をする、というような日常行動には無理してでも二人の時間を合わせる必要があります。そうせず各々が自分のペースで勝手なことをしていると家事が回らず、かえってそれぞれの勉強時間が確保できません。単身で暮らしていた時代は完全に自分のペースでやれたのですが、夫婦同居となると相手のペースに合わせねばならなくなるわけです。そうなると何だか同居生活が気重に感じるようになりました。これは私だけでなく、研究者であるカミさんもそう感じるようになっていたようです。一人で生活していた時代は、食事を抜いて本を読み続けるとか、深夜映画を見て朝寝坊する、というようなことが気楽にできたのですが、それができなくなるからです。長年、別々で単身生活を送ってきた夫婦が同居を再開すると、同居を疎ましくも感じるものなのです。

そこで私は、一九九七年に名古屋大学に移り、またもや単身赴任生活に戻りました。今度は毎週の名古屋と京都の往復ですから、あまり遠く離れているという気にはなりません。名古屋大学では宇宙観測のための実験グループと私のような理論家とが一緒に議論する機会に恵まれました。また、その頃から「科学と社会」という分野に重点を移しつつあった私は、工学部や教養部の先生と共同で「科学技術と現代社会」という新しい講義科目を担当するようになりました。

ところが二〇〇二年に「国立大学の法人化問題」が起こり、私は全国の反対運動の先頭に立って旗を振ったのですが、二〇〇四年に敢え無く法人化が通ってしまいました。そこで私は定年前の六〇歳で名古屋大学（当時の定年は六三歳）を辞職し、二〇〇五年に早稲田大学国際教養学部の特任教授になりました。教授会に出なくてもよいし講義は週一回だったので、単身赴任を切り上げて京都に戻り、講義日だけ東京へ通うことにしました。しかし、特任教授は基本的に講義をすることだけが義務ですから、学生や教員仲間との交流がほとんどありません。それでは大学に居るメリットがないと思い、一年で辞めて二〇〇六年から神奈川県の葉山にある国立大学法人総合研究大学院大学（総研大）に移りました。「科学と社会」を大学院教育の大きな柱にしたいとの小平学長の強い意欲を聞いて、再び国立大学に復帰したというわけです。こうして三度目の単身赴任生活に戻り、今度は新幹線で新横浜と京都の間を毎週往復しました。総研大で丸八年過ごしたのですが、そのうちの六年は財務担当の理事も兼務しました。そして結局二〇一四年三月に六九歳で役職任期終了で退職し、通算四二年の大学勤めに終止符を打って最終的に京都に本拠を移し、現在に至っています。この間、通算して三二年間を単身赴任で過ごしたことになるわけです。カミさんは、その間ずっと、京都の立命館大学で教師を続けていました。

以上でプライベートなことは終わって、ようやくこれから「天と地と人のあいだで」との標題通りの講演に移ることにしましょう。

天の部——宇宙一三八億年の営み

宇宙における物質の転生輪廻

私はつねづね「私たちは宇宙の子ども」と言っています。それは単なるロマン溢れるキャッチフレーズ（宣伝文句）のように聞こえるかもしれませんが、実際に物質的な根拠があって言っているのです。

私たちから見れば宇宙は何ら変化していないように見えますが、長い時間のスパンで見ると宇宙に存在する物質は仏教の言葉の「転生輪廻（てんせい／てんしょう・りんね）」、つまり姿を変化させつつ、その変化を繰り返しているのです。私たちは、それを「宇宙の進化」と呼んでいます。この宇宙の進化過程において、地球が形成され、生命が生まれ、私たち人間へと進化したのですが、この過程で重要な役割を果たすのが、炭素や酸素や窒素や鉄など周期律表に並んでいるさまざまな元素です。それらの元素は宇宙進化の過程で作られ、地球→生命体→人間へとバトンタッチされてきたものですから、まさに「私たちは宇宙の子ども」と言えるのです。さらに宇宙の未来を考えると、何十億年か先には地球は太陽とともに姿を消してガスになってしまいます。そして、そのガスからまた新たな星や惑星が生まれることになるでしょう。宇宙の星々も転生輪廻する運命をたどっているのです。その宇宙の物質の転生輪廻についてこれからお話ししましょう。

この宇宙には、星が一〇億個から二〇〇〇億個以上多数集まった大小さまざまな「銀河」という形で物質が存在しています。私たちも、直径が二万光年もの大きさで、円盤状に星が一〇〇〇億個も集まった銀河に住んでいて、特に「銀河系」と呼んでいます。円盤に沿って夜空を見ると多数の星が連らなって見え、円盤に垂直方向を見ると星がほとんど見えません。こうして多数の星が夜空に川が流れているように見えるので「天の川」と言い、私たちの銀河系を「天の川銀河」とも言います。芭蕉の有名な俳句に「荒海や　佐渡に横たふ　天河《あまのかわ》」がありますね。荒れる海の波が押し寄せる佐渡から夜空を見上げると、天には天の川が横たわっている、との雄大な景色を謳ったものです。古風な表現では、「天の川」を「漢」と呼び、多数の星が銀色に輝いているので「銀漢」と呼ばれました。そもそも銀河＝銀色の川ですから、同じ意味ですね。英語では「ミルキー・ウェイ（ミルクの道）」で、ゼウスの子どもヘラクレスの乳を吸う力が強すぎて思わず突き放したヘラの母乳が流れ出したというギリシャ神話に由来します。これも共通したイメージです。

この銀河系に存在する一〇〇〇億個の星には、生まれたての星も年老いた星も混じっています。といっても、星の進化（星が年をとるに従ってどのように姿が変わっていくか）が明らかになったのは一九二〇年頃ですから、それまでは星の老若の区別がつきませんでした。また、星は常に外部に光を放っている、つまりエネルギーを放出し続けていますから、いずれエネルギー源が枯渇してしまい、死を迎えることになるはずです。星は永久に光っているように見えますが、年を取り死を迎えるのです。

星の進化理論から、太陽くらいの重さの星の場合、その寿命はおよそ一〇〇億年、太陽の三〇倍も重い星ならその寿命は一〇〇〇万年ほどでしかないことがわかりました。星はどれも同じように輝いているようですが、その重さに応じて明るさが異なり、寿命の長さも異なるのです。星は重いほどより輝きが大きく、そのため早くエネルギー源がなくなるので寿命が短いのです。太陽を人間の寿命の一〇〇歳に喩えると、三〇倍もある星は〇・

一年そこそこの一カ月足らずですから、その寿命がごく短いことがわかると思います。

銀河系（天の川銀河）は一〇〇〇億個もの星の集団で、星と星のあいだの空間を「星間」と呼んでいます。そこは真空ではなく、密度の薄い星間ガス（気体）や密度の濃い星間雲（気体が雲のように集まった塊）が漂っています。これらを並べてみることによって、星間ガスが集まって星間雲になり、その星間雲から星が誕生することがわかってきました。一方、銀河系の多数の星の観察から、星が死を迎える際には、星の質量に応じて二通りの道があり、

①星の質量が大きい場合、最後に大爆発を起こして粉々になってガスに戻り広がっていく、

②星の質量が小さい場合、星の表面がどんどん膨らんで星の物質が星間に流れ出してガスになっていく、

とわかってきました。まとめると、どうやら、

星間ガス→星間雲→星→質量の大きい星は大爆発を起こして粉々になって→星間ガス
→質量の小さい星は物質が表面から流れ出して→星間ガス

という変化をしているのです。星間ガスに始まり、星になって、最後には星間ガスに戻ってくるわけです。以上から、銀河系内部で起こっていることは、

星間雲から星が誕生する→輝く星内部で多数の元素が作られる
→寿命がきた星はガスを星間に放出する→作られた元素が星間ガスに混じっていく
→星間ガスが星間雲になる→星間雲から星が誕生する→……

という転生（姿が変わる）と輪廻（繰り返す）の組み合わせということになるわけで。

「私たちは宇宙の子ども」であるわけ

太陽系の年齢はほぼ四六億年と見積もられており、太陽が生まれたときに地球も一緒に生まれました。宇宙の年齢は一三八億年とされていますから、太陽や地球が生まれる前に宇宙は九二億年も経過しています。その長い時間の間、銀河系内部では、おそらく五〇回くらい星になりガスになる転生輪廻をしてきたと考えてよいでしょう。それによって、星内部や超新星爆発の際に作られた多数の元素（ヘリウム、炭素、窒素、酸素、ネオン、マグネシウム、リン、鉄、鉛、ウランなど）が、九二億年もの間の何世代もの星からの寄与に

よって、星間ガスに増えていったのです。そして四六億年前に地球が生まれました。地球は「岩石惑星」と呼ばれているように、岩石を作る材料である重い元素が多数集まった惑星なのです。

そうすると、地球上に生まれた生きとし生ける物のみならず、地球に存在するすべての物質を形作っている元素は、地球誕生以前の宇宙に存在した歴代の星が作ってくれたことになります。これが「私たちが宇宙の子ども」であるという意味です。呼吸で吸い込む酸素も、肉体を作る窒素や炭素も、血液に含まれる鉄も、遺伝を決めているDNAに含まれるリンも、そして核兵器や原発に使われるウランも、すべてかつて存在した星で作られたのです。これらの元素は地球が誕生するまでの九二億年の宇宙の歴史の産物であり、それによって私たちの生命が存在できていると言えるでしょう。だから、私たちは「命を大事にし、あだやおろそかに、自殺なんぞしてはならない」のです。

地球上では、元素の組み合わせが変化する「化学反応」が行われていますが、元素そのものが別の元素に変わる「原子核反応」は（原爆・水爆・原発以外）ほとんど起こっていません。従って、元素のレベルで見れば地球上ではほとんど変化していないので、宇宙における転生輪廻の過程を一休みしていると言えるでしょう。太陽の寿命は一〇〇億年くらい、現在四六億歳ですから、あと五四億年くらい輝き続けるでしょう。その後、太陽の表面は膨らんできて、やがて地球を呑み込むのではないかと考えられています。太陽が死を迎えるときは地球も死を迎えるときなのです。地球を呑み込んだ太陽表面の物質は星間空間に流れ出し、星間ガスに混ぜ合わされ、再び宇宙の転生輪廻に戻っていくことになるでしょう。宇宙は、このように壮大なドラマを隠し持ちつつ、変転を繰り返しているのです。

地の部——地球は素晴らしい循環系

現代の環境危機

現在の消費文明は、地下資源を基礎にして「大量生産、大量消費、大量廃棄」をもっぱらとしています。単純に言えば「買い替え使い捨て文明」です。そんな人間の行為は地球の大きさに比べるとまだまだ小さいから、地球の限界を気にしなくてもよいとの見方に基づいているためです。しかし、一九七二年にローマクラブは「成長の限界」と呼んで、資源と地球容量の有限性に焦点を当て、人口爆発と環境汚染の増大について警告を与えました。人口の増加が限りない大量消費を誘発する一方、地下資源の有限性が大量生産への障害となり、地球の有限性が大量廃棄を困難にし、環境破壊に導くことを示したのです。現在の地球の困難を予見していたと言えるでしょう。ところが、世界はそんな警告を気にせず、金儲けのために、いっそう「大量生産、大量消費、大量廃棄」を拡大し続けてきました。

ところが二〇世紀末頃から、石油の枯渇が言われるようになり、CO2の野放図な排出による地球温暖化問題に警告が発せられるようになりました。消費文明の拡大と地球の有限性とがぶつかり合う矛盾が顕在し始めたのです。そのことに気づいた環境学者からは「プラネタリー・バウンダリー（惑星の有限性）」の概念が提案され、国連はSDGs（持続可能な開発目標）を提唱して、地球環境と人間の活動との調和を図るべきとの提言を強く打ち出しました。実際、大気中のCO2の増加による地球の温暖化が顕著になり、それによって気象異変がもたらされていることに人々が気づき始めたのです。そして新たなキャッチフレーズとして、「循環型社会」が打ち出され、「カーボンニュートラル（炭素の放出と吸収を一致させる）」が目標となりました。一方的な買い替え使い捨ての「浪費と廃棄」ではなく、廃棄物を減らすための再使用や再資源化、資源の保全や循環的利用を積極的に行おうというわけです。

ここでは地球というシステム、つまり自然の仕組みは循環を基本としていることを、現実に生じている原子の循環・水の循環・炭素の循環という過程を通して見ていきたいと思います。自然は実に巧妙につながり、枯渇せず、暴走せず、過剰な蓄積もせず、素晴らしい循環系として機能してきました。その実態を見ながら、循環することの大事さを実感したいと思います。とはいえ現実は、素晴らしい循環系としての地球の機能が衰えつつあり、温暖化の進展、風水害の激甚化、台風やハリケーンの巨大化と頻発、などが世界各地から報告されるようになりました。循環系の危機が忍び寄っているのです。この危機を、人体に喩えて表現してみましょう。人体は血液の循環系ですが、脳の血管のたった一本が詰まって破裂するだけで、たちまち体全体の死を迎えることになります。循環系において循環が止まると、そのシステム全体が死ぬのです。地球も同じことで、水や炭素の循環が途絶えたとき、地球環境は死に絶えることになりかねません。そのことを心しながら、地球が(今のところ)いかに絶妙な循環系であるかについて概観することにしましょう。

コップ一杯の水に――原子の循環

地球上のすべての物質は原子から構成されています。私たち生命体も原子から成り立っており、生きているということは絶えず原子が入れ替わっていることを意味します。建築物や枯れた木などは原子は入れ替わることなく、時間が経つにつれ古い原子が朽ちていくのみですが、生きている生命体は原子の入れ替え、つまり常に新陳代謝をしているのです。外部から新たな物質(原子)を食物として取り入れ、体の内部で入って来た原子と古い原子を取り替え、ご用済みとなった古い原子を排出しているのです。原子そのものに新しい・古いという区別はありませんが、各原子が体内で果たしている役割には寿命（耐用年数）があり、寿命が来た原子は役目を終えて新しい原子に取り替えられ、排泄されているわけです。

実際、髪の毛が抜け変わり、皮膚は垢となって剥がれるように、体のあらゆる部分の原子は、短い場合は一週間くらいで、長い場合は一カ月から数年間隔で入れ替わっています。かつて、脳や心臓を作る原子は一生変わらないと思われていましたが、やはりゆっくりと入れ替わっていることもわかってきました。面白いことは、例えば脳細胞では過去のことを覚えており、その記憶は脳細胞を形作る原子が担っているはずですが、原子が入れ替わっても記憶は保持されていることです。記憶は多数の原子の集団的振る舞いとして刻み込まれているためでしょう。

以上は、生物個体における原子の新陳代謝ですが、さらに代謝され排出された原子が、その後どのような運命をたどるでしょうか。ここで言いたいことは、すべての生命体は原子の循環を通じて、互いにつながっているということです。その一例を挙げてみましょう。人間は死んだ場合、死体は焼かれて煙となって、つまり原子となって空に漂い、やがて雨に打たれて海に流れていくでしょう。生きていて新陳代謝で排泄された物質（毛髪や垢や爪や排泄物）に含まれる原子も、やがて水に溶かされやはり海に流されるでしょう。生死に関係なく、人体を離れた原子は、とりあえず海に流れていくと考えられます。

海の水は太陽熱に照らされて蒸発して気体になりますが、再び雨となって海に戻ります。海の水に含まれる原子も、同じように水とともに蒸発しては雨となって戻ってくることを何度も繰り返すでしょう。この過程によって、原子は海水によくかき混ぜられるということになります。そして、あるとき海水から蒸発した水が、雨となって地上に降り、植物に吸収され、その植物を食べた別の人の体内に入っていくことがあるでしょう。こうして、ある人の体を構成していた原子が別の人の原子へと受け継がれていくことになります。そんなのたいした量ではないと思われるかもしれません。

ここで問題を出しましょう。コップ一杯の水に含まれる原子すべてに赤い色をつけて、その水を海水に垂らし、世界中の海で満遍なくかきまぜてから、海水をコップ一杯だけ汲んだとします。そのとき、このコップに赤い色がついた原子は何個含まれているでしょうか？　広い海でかきまぜられるのですからゼロ個だと思われるかもしれません。しかし計算すると、なんと赤い色がついた原子がコップの中に一〇〇〇個程度含まれているのです。この問題は、コップ一杯に含まれる原子の数がいかに多く、海水全体でかき混ぜて希釈してもゼロにはならないことを物語っています。

だから、ある人の体を構成していた原子が海の水でかき混ぜられ、他の人の体内に入る場合もゼロにはならないのです。そして「ある人」が誰であろうと、亡くなったすべての人に適用できることになります。言い換えれば、ここにコップ一杯の水を汲んだとき、その水には紫式部も夏目漱石もゴッホもニュートンも……と、これまでに亡くなったすべての人の原子が含まれていることになります。当然、私たちのご先祖様すべての原子も含まれているわけです。むろん、人間だけでなく新陳代謝したすべての生命体について言えることですから、すべての命は、連綿たる原子の連鎖（循環）でつながっていると言えるのです。

地球の浄化――水の循環

地球は水の惑星と言われ、液体の水が存在するために生命が生まれることができたとされています。太陽系の八個の惑星のうち、液体の水が存在しているのは地球だけであり、生命体が存在していると確認されているのも今のところ地球だけなのです。そこで、液体の水が存在する惑星は「ハビタブル・プラネット（生命が存在し得る惑星）」と呼ばれています。現在、銀河系には五五〇〇個もの惑星の存在が確認されており、そのうち一〇個程度に液体の水が存在する可能性が指摘されています。そこに生命体が存在するのではないかと、今精力的に研究が進められています。

太陽系の惑星のうち、地球と双子と言われるくらいサイズや重さが似ている金星には、二酸化炭素を主成分とする大気が七〇気圧にも達しており、表面温度は四〇〇度以上ですから水はありません。かつて金星にも水はあったらしいのですが、地球より太陽に近い分だけ紫外線が強く、その強い紫外線によって水（H２O）は水素原子（H）と酸素原子（O）に分解されてしまったと考えられています。厚く覆っている二酸化炭素の温室効果のために、大気は四〇〇度以上の高温になっており、硫酸の雲が漂っているという熱地獄です。むろん、いかに原初的なものであれ生命は存在していません。

一方、火星は川が流れたような跡（流れに沿って岩が並んでいるような光景）が見られることから、三〇億年くらい前までは表面に水が存在していたことはほぼ確か、と言われています。しかし、水が水蒸気になって上空へ昇って行くと、火星は地球の八分の一くらいの重さしかありませんから重力が弱く、水蒸気は火星から徐々に宇宙空間へ逃げ出したのだろうと想像されています。とはいえ、極寒の北極と南極には白い氷の塊ようにものが見えるし、火星の地面を掘ると地下深くにはまだ水が残っている可能性があります。水が残っておれば、そこに原始的なバクテリアのような生命体が存在しているかもしれません。そこで、火星に探査機を送り、地面を掘って地球に持ち帰り（「サンプル・リターン」）、生命体の痕跡がないかを調べることが火星研究の当面の目標となっています。

いずれにしても、地球は太陽から程よい距離にあるため、水が液体の状態で保存され巨大な海が形成されました。金星のように太陽に近すぎると紫外線が強くて水が分解されてしまい、火星より遠くになると太陽光が弱くて水は凍ってしまうため海になりません。地球上で生命が誕生したのは海の中と考えられており、まさに地球の海が生命の揺りかごとなったのです。金星や火星には生命が誕生する海がないのです。

自然界における水の重要な役割は、空間的な循環を通じて地球環境をよい状態に整えているということです。地球にやってくる太陽光のエネルギーの三〇%は雲によって反射されますが、残り七〇%は地上や海上に到達し、吸収されて土や海水を温めています。もし地球表面に水がないなら、太陽エネルギーが表面に溜まって地球の温度はどんどん上がっていくでしょう。

幸い、地球表面の土壌中には水があり、また大きな海が広がっています。それらの水は、太陽光のみならず、地上で人間の行動で発生した熱エネルギーを吸収して水が液体から気体の水蒸気に変わっており、軽くなって上空に昇ります。上空では水蒸気の温度が下がるので水に戻り、さらに氷になる場合もあるでしょう。大事なことは、水蒸気が水や氷に変化するときに地上で吸い込んだ熱エネルギーを放出し、宇宙空間へ捨てていることです。

そして、水は雨や氷は雪となって地上に戻ってきます。つまり、

地上の水→熱エネルギーを吸って水蒸気になる→上空に昇る→温度が下がって水や氷になる→そのとき熱エネルギーを宇宙に捨てる→雨や雪となって地上に戻る

というふうな循環をしており、水は地上と上空を行き来することで、地上の排熱（熱エネルギー）を宇宙空間へ運び出しているのです。こうして、地上に存在する水は地球表面に溜まる熱エネルギーを上空へ運び出して宇宙空間に捨てているので、平均して地上をほぼ摂氏一五度という快適な温度に保ってくれているのです。今では、人間がさまざまな活動（発電・生産・輸送・移動・運動など）によって大量の熱を地上に発生させていますが、その排熱も水が宇宙空間へ運び出してくれているのです。

このような水の働きは、水の特殊な性質にあります。液体の水は、一気圧の下で摂氏〇度（氷点）以下になると固体の氷になり、摂氏一〇〇度（沸点）を超えると気体の水蒸気になります。これを「相変化（あるいは「相転移」）」と言いますが、温度がたった一〇〇度の範囲で固体（氷）・液体（水）・気体（水蒸気）と、三つの異なった状態（相）に変化できる物質は水以外にはないのです。私たちにとって水はありふれていますが、実は滅多に

ない珍しい性質を持っているのです。また、液体の水は一〇〇度を超えねば水蒸気にならないわけではなく、水蒸気が「飽和蒸気圧」と呼ばれる圧力以下の状態では、水は熱エネルギーを吸って絶えず水蒸気になっているのです。なんと素晴らしい性質を備えていることでしょうか。

もう一つ、水の素晴らしさを述べておきましょう。水は一気圧の下では氷点（摂氏〇度）以下になると氷になりますが、氷は水より軽い（密度が小さい）ので水に浮くという性質があります。正確に言えば、摂氏〇度のときの氷の密度は、水の密度の九〇％程度なのです。「氷山の一角」と言われるように、氷は水より軽いため、氷山は水に浮き、その体積の一〇％くらいが水面から顔を出しています。水以外の自然に存在する物質は、通常は液体から固体に転移すると、重く（密度が大きく）なって沈むのです。ところが、水は軽くなって浮く唯一の物質なのです。

ではなぜ、水が氷に転移すると軽くなるという性質が素晴らしいのでしょうか？　冬になると地球の北極でも南極でも、海の水は凍りますね。もし、凍った水である氷が重くなって水に沈むのなら、北極や南極の氷は沈んで海の底に溜まっていくことになるでしょう。すると、海の底の氷が海水を冷やし続けることになりますね。もしそうなら、海は常に底から冷やされて凍るような冷たさになりますから、海中で生命は生まれることができなかったでしょう。つまり、水が氷になって浮くという性質があるからこそ、氷の下の海水は比較的暖かい状態を保つことができ、生命が海で誕生することができたのです。氷が水に浮くという当たり前と思っていることが、生命の誕生という実に重要な事柄と結びついていることに、何か不思議を感じませんか？

海と植物の働き――炭素の循環

地球上で炭素は重要なさまざまな役割を担っています。地球が生まれた直後の大気を「原始大気」と呼ぶのですが、水（水蒸気）とメタンと窒素と二酸化炭素から成り立っていたと考えられています。惑星形成論から、地球は多数の隕石や微惑星（惑星の小さな欠片）が衝突して、現在の大きさにまで成長してきたとされています。原始大気は、それらのぶつかってきた隕石や微惑星に含まれている気体成分で構成されていたとするのが自然であるからです。だから、誕生直後の地球では二酸化炭素が多く、その温室効果で地球は温まっていたとされています。もし二酸化炭素がなければ、地球の表面温度はマイナス一五度となって水は凍っていたことになり、生命は生まれなかったでしょう。現在では、二酸化炭素は地球温暖化の元凶として悪玉と見做されていますが、地球初期の頃には二酸化炭素が多くあったからこそ、温室効果によって地球が凍えないよう温めてくれていたので生命が誕生できたのです。だから、二酸化炭素はかつては善玉であったのです。

現在の地球大気は窒素（N）が八〇％で酸素（O）が二〇％、二酸化炭素（CO2）は〇・〇四％しかなく、原始大気とはすっかり異なっています。地球の長い歴史の中で、二酸化炭素は海水に溶けるのと、植物の光合成によって減少し、光合成で生成された酸素が増加した結果、現在のような大気組成になったのです。

今述べたように、大気中に存在する二酸化炭素は二つのルートで減少します。一つは海水に溶けるルートで、海水中でマグネシウムと結合して炭酸マグネシウム、カルシウムと結合して炭酸カルシウムとなり、いずれも鉱物となって海底に沈んでいきます。それらが堆積し、後に地上に隆起したものが鍾乳洞です。もう一つのルートは海中の藻や海草などの植物による光合成で、二酸化炭素と水を材料にして酸素とでんぷんを作っています。植物はいずれ死を迎えますから、蓄積したでんぷんに含まれる炭素は大気に戻るのですが、一部は地中に埋没して長い時間にわたって圧縮され、石油や石炭に変わっていきます。これら二つのルートで、大気中の二酸化炭素は減少してきたのです。

反対に大気中に二酸化炭素を放出して増加させる作用もあります。海水に溶けた二酸化炭素は鉱物となって海底に沈殿していきますが、火山爆発の際にガスの二酸化炭素となり、また小さな固体の塵となって大気に戻ってきます。過去の地球では火山爆発が非常に活発であって、大気中の二酸化炭素の量が増えた時期が何度もありました。しかし、全体として二酸化炭素はゆっくりと減ってきたのです。産業革命前には大気中の〇・〇二七％まで減っていました。他方、植物の光合成によってでんぷんとなった炭素は、何千万年から何億年もかかって石油や石炭に変わってきました。人類は、産業革命以来それらを掘り出して燃焼させ、大気へ二酸化炭素を放出するようになったわけです。その結果、今や大気中の二酸化炭素の量は〇・〇四三％にまで増えてきたのです。

地球の進化——酸素の増加と多様な生命の出現

地球上では長い間二酸化炭素が多い大気であったのですが、海中の藻や海草などによる光合成によって二酸化炭素が減り、酸素が徐々に増えてきました。そして、今から六億年前頃になると、大気中の酸素が増え、酸素原子が三個くっついたオゾン（O3）が上空に形成されるようになりました。オゾンは太陽光に含まれる紫外線を吸収してくれますから、地上に紫外線が届かないようになり、その結果生命体が地上に進出できるようになったのです。地球に原始的な生命体が誕生したのは約三八億年前とされており、その生命体は最初は危険な紫外線が届かない水中で生まれ育ったわけです。やがて緑の藻や海草が海中に生まれて光合成を行い、酸素を作り続けて三二億年も経った六億年前くらいから生命体が海から地上に上陸できるようになった、ということになります。

まず、最初は植物が地上に広がって草花となり、やがて樹木となって森林を形成したと思われます。それに続いて昆虫が地上に現れ、昆虫を食べていた水生動物が海と陸を行き来する両生類（イモリやカエル）になり、やがて海に戻らない爬虫類（カメ・トカゲ・ヘビなど）へと進化しました。さらに、爬虫類から恐竜が生まれ鳥類が出現する一方、哺乳類も出現しました。このように陸上へ生命が進出してから五億年ほどの間に、生物の多様性が一気に花開いたのです。こうして地球は緑の惑星、虫の惑星、そして生命が溢れる惑星へと進化してきました。

恐竜が絶滅したのは六五〇〇万年前の頃とされています。直径が一〇キロメートルを越す巨大隕石が地球に衝突し、巻き上げられた粉塵によって気候異変（地球寒冷化）が引き起こされ、恐竜を含む多くの生命体が死に絶えたのです。生き残った哺乳類は小さなリスくらいの大きさでしたが、恐竜のような恐ろしい天敵がいなくなったため、広い荒野を占領することができてすくすくと育ち、多様な種類が生まれ大きく育つことができました。今から五〇〇〇万年前頃に「類人猿」が現れ、三〇〇万年前頃に「原人」になり、三〇万年前頃に「現世人類の祖先（ホモ・サピエンス）」へと進化しました。ホモ・サピエンスは集団生活をし、言葉を使い、道具を発明し、火を自由に使うようになり、それらを文化として継承してきました。それら文化のおかげで、環境を改変し安全で健康で豊かな生活を送ることができるようになったわけです。狩猟採集から農業を行って食糧を備蓄して飢えから解放され、文字を発明して記録を残し、文化を多様に向上させてきました。

一八世紀中頃、地下資源を活用する産業革命が起こり、機械を利用するようになって生産力が急上昇しました。それが大量生産・大量消費・大量廃棄を当たり前とする時代を導いたわけです。その結果、全体として減少を続けてきた大気中の二酸化炭素が上昇に転じ、産業革命前と比べると現在はその二〇％も増加させています。もっぱら自然の浄化力（海と植物による吸収）によって、大気中の二酸化炭素量は増えないできたのが、そのバランスが崩れる事態になっているわけです。それによって生じているのが地球温暖化であり、異常気象であると言えるでしょう。カーボンニュートラルとは、二酸化炭素の排出と自然の吸収がバランスすることを目標としています。

人間の活動が地球の規模を越える事態となって、地球環境の変動に影響を与えるようになり、素晴らしい循環系である地球の循環機能が衰えているのです。私たちは欲望のままに送っている大量生産・大量消費・大量廃棄の生活から脱却し、3R（リデュース＝少なく、リユース＝再使用、リサイクル＝再生利用）の生活を目指さねばなりません。地産地消も資源の節約に寄与する重要な活動です。

人の部――宇宙の利用

人間の活動は多種多様で何を取り上げるか迷うのですが、ここでは私が宇宙物理学者でもあり、今日の話も宇宙の営みから始めたので、人類の宇宙の利用のことをお話ししましょう。

「宇宙」の二つの意味

まず、日本語の「宇宙」という言葉には二つの意味があることを注意しておきたいと思います。一つは、宇宙の「宇」は空間を意味し、「宙」は時間を意味しますから、「宇宙」とは「時空」、つまり全ての天体を含む全空間とその変化である時間のことを意味します。全体世界とその時間的変遷のことなのです。地上から夜空を見上げてすべての物質の来し方・行く末をアレコレ想像し、夢を重ねるのがこの宇宙で、学問領域としては宇宙論ですが、天体物理学とか、天文学とも呼んでいます。次に述べるもう一つの宇宙と区別するため、「大宇宙」と呼ぶこともあります。

そのもう一つの「宇宙」とは、私たちの頭上一〇〇キロメートルから五万キロメートルくらいまでの高さの、ロケットや人工衛星が飛び交う空間を指します。英語では「スペース」、つまり「空間」と素っ気ない言い方ですが、日本では「宇宙開発」と呼んでいる空間領域のことです。宇宙空間と呼ぶとわかりやすいかもしれません。大陸間弾道ミサイル（ＩＣＢＭ）と呼ばれる核兵器を載せたミサイルの通り道であり、科学衛星や気象衛星・放送衛星、情報収集衛星（スパイ衛星のこと）など諸種の人工衛星が飛び交っている空間でもあります。

人類はこれまで一万機以上も人工衛星を打ち上げてきましたが、その六割以上がスパイ衛星であることを忘れてはなりません。宇宙空間から他国の施設や動きをスパイしている（密かにのぞき込んでいる）のです。何しろスパイ衛星は上空であっちを見たりこっちを見たりと過酷に使われるので寿命が短く、次々と打ち上げられてきました。その結果として、高度が二〇〇キロメートルから五〇〇キロメートルの通常の人工衛星の軌道上には、投棄された過去の人工衛星の破片やブースターと呼ばれる打ち上げロケットの最終段階の欠片が何万個も漂っています。これを「スペースデブリ（宇宙ゴミ）」と呼びますが、「宇宙のゴミ問題」が生じているのです。一方、一度目のトランプ大統領の時代にアメリカは、陸軍・海軍・空軍・海兵隊・沿岸警備隊に続く六番目の軍事組織として「宇宙軍」を創設することを公表しました。このように、もう一つの「宇宙」はもっぱら軍事利用の場として利用されているのです。

とはいえ、軍事利用の一〇分の一くらいの規模ですが、「宇宙空間」の平和利用も進められてきました。その筆頭は、大気が吸収するために地上にはやって来られないX線や紫外線や赤外線などの波長の電磁波を、人工衛星によって大気外で捉えて「大宇宙」を観測する科学衛星でしょう。私たちは科学衛星に搭載した新たな「眼」を使うことによって、これまで見えなかった「大宇宙」の姿を明らかにしてきたのです。さらに、科学衛星の「眼」を地上に向けることによって、地球の大気温度やCO2の量や雨量などを計測し、地球環境の状態を監視する地球観測衛星も活躍しています。台風の動きを刻々と映し出している気象衛星は今や天気予報に欠かすことができません。また、テレビやラジオなどの放送衛星、携帯電話やインターネット回線のための通信衛星、カーナビに利用されているGPS衛星など、日常生活と結びついた活動も「宇宙」の平和利用と言えるものです。

しかしながら、ここで注意しておきたいことは、例えばGPS衛星は本来は軍事利用のために開発・運用され、その技術を民間に開放してカーナビなどに利用できるようにした結果、私たちはその恩恵を受けていることです。GPS衛星は、最初は潜水艦が長い間海に潜って航行した後浮上したときとか、軍隊が広い砂漠に足を踏み入れたときに、軍人たちが地図上のどこにいるかを正確に知るために開発されたものです。常に決まった周波数の電波を規則的な時間間隔で発する人工衛星（GPS＝全地球測位システム）を多数（三三機）打ち上げ、地上で複数（最低四機）からの電波を受けることにより、自分の位置を高精度に決定できるようにしたのです。この技術は武器という形ではない軍事開発で、最初は軍隊の専用でありました。中国がＧＰＳ網を整備して世界に提供しているように、今や技術のノウハウは世界中で知られるようになり、アメリカがＧＰＳ衛星を軍事専用から民間に開放して一気に広く利用されるようになった、というわけです。最近では携帯電話やスマホにＧＰＳ機能を搭載してどこにいるかが分かるようになり、子どもに持たせて行動を監視するのにも使われています。宇宙の利用は軍事開発が先行してきたことをゆっくり考えたいものです。

宇宙ビジネスの流行

科学のため、軍事のため、地球環境監視のため、通信や気象観測のため、と人工衛星を用いた宇宙空間の利用はさまざまに広がっていますが、さらにビジネスのための宇宙の利用が今後拡大していくことが予想されるのでお話ししておきましょう。

宇宙空間一〇〇キロメートル以上の高さに人工衛星を打ち上げるためには、かつては一機が五〇億円から一〇〇億円もする大型ロケットを必要としました。従って、大きな予算を左右できる国家が独占して宇宙開発を先導してきました。アメリカ、ロシア（旧ソ連）、中国、日本、インドなどです（ヨーロッパ各国は共同してロケット打ち上げを行う宇宙開発機関を設立しています）。しかし、技術開発が進んで大型ロケット一機が五〇億円以下になってきたため、ベンチャー企業や大富豪が宇宙産業に参入するようになりました。最初は政府からの発注を受ける、いわば民間の下請け機関であったのですが、やがて自力で大型のロケット開発を行い、宇宙ビジネスを行うようになったのです。例えば、ポケットベルから携帯電話へと進出したモトローラが、人工衛星を七七個打ち上げて国際電話網を築こうとしました。元素イリジウムの原子番号が七七で、それにちなんで「イリジウム計画」と名付け、世界中のどこであろうと携帯電話でつなごうという野心的なプロジェクトでした。しかし、専用携帯端末が大型なので使いづらく、通信料金が高い上に電波が弱くてビル内では使えないという欠陥があってあまり広がりませんでした。

それに代わって新たに登場したのが、PayPal・電気自動車・太陽光発電・人工知能へとビジネスの手を広げ、さらにツイッターを買収した大富豪イーロン・マスクです。巨大ロケット「ファルコン9」を開発してスペースX社を起ち上げ、「スターリンク」と呼ぶ「宇宙通信ビジネス」を展開しているのです。携帯電話よりインターネット通信の方が拡大することを見越して、多数の小型衛星（重さ二五〇キログラム）を打ち上げ、それらの間のデータの伝達によって、切れずに大容量の通信を可能とするというものです。高度が異なった三つの軌道に合計一万二〇〇〇基もの衛星を打ち上げるという壮大なプロジェクトで、「通信衛星コンステレーション」と呼んでいます。星座（コンステレーション）のように人口衛星を宇宙空間に散りばめ、大容量で高速の通信を実現することを目指しています。二〇二四年九月時点で六三七〇基打ち上げています。このような衛星コンステレーション計画は、日本でも経済安保推進法の一環として進められようとしており、夜空が人工衛星で埋め尽くされかねません。そのため光や電波の雑音が増え、宇宙の観測が阻害される恐れがあります。それだけでなく、宇宙空間に大量のデブリ（宇宙ゴミ）が溜まっていくのでは、と心配されています。使い捨て文明が宇宙にも及び、宇宙をいっそう汚染することになるのは確実なのです。

宇宙のもう一つのビジネス利用として、インターネット通販のアマゾンを創始したジェフ・ベゾスとヴァージングループ（航空会社を中心としたコングロマリット）の会長であるリチャード・ブロンソンの「宇宙旅行ビジネス」を挙げねばなりません。イーロン・マスクも含めて、これら三人はグローバル資本主義の下で大儲けしている超富豪たちで、かれらは宇宙ビジネスに参入してさらに大儲けをしようというわけです。ベゾスは「ブルーオリジン計画」を起ち上げ、「ニューシェパード」と名付けた弾道ロケットによって上空一〇〇キロメートルまで上昇後、自由に落下する間の約二分間の無重力体験を商売にしようとしています。上昇時間も含めて全体で約一〇分一〇秒の間の疑似「宇宙旅行」です。オークションでは二八〇〇万ドル（四二億円）で落札されたそうです。一方、ブロンソンは「スペースシップ2」で、既に六人乗りの弾道飛行を成功させています。これに自信を得たヴァージン社は、一人当たり四五万ドル（六七五〇万円）という格安にしたためか、年間八〇〇人が疑似「宇宙旅行」に予約済みだそうです。

このように「宇宙旅行」には人気があり、人々はたとえ疑似でもいいから、一度は宇宙空間へ行く経験をしてみたいと思っているのは事実でしょう。しかし、それが可能なのはとびっきりの金持ちだけであり、私たちにとっては夢でしかありません。私は、地球の最高の資源を投入して、一握りの人間が、宇宙ビジネスに便乗して束の間の「宇宙旅行」を楽しむことについては、空しいと言うのみです。それは何ら人類の文化と結びつかないためです。その意味で、国家が金を出して、少数のエリートが厳しい訓練をして宇宙飛行士になり、本格的な宇宙旅行を体験して、私たちにその成果を語ってくれることとは意味が違います。宇宙飛行士は、私たちの代わりに生命を賭して挑戦してくれているのですから。

人の部②――戦争に抗する

さて、今回の私の話の本題です。二〇一四年に安倍内閣の下、閣議決定で集団的自衛権が容認され、翌年にその法的足場を強化するため、「束ね法案」（多数の法案を一つにまとめたもの）として安全保障関連の法律が一括して決定されました。これにより、日本の軍事化が一気に進んで「戦争ができる国」への道を加速させました。そして、二〇二二年に岸田内閣において、ロシアのウクライナ侵攻を契機として、国家安全保障戦略に関わる三文書が閣議決定され、五年かけて軍事予算を二倍化し、敵基地攻撃能力を獲得するとの軍拡路線が大手を振って進むようになりました。タレントのタモリさんが言った「新しい戦前を迎えつつある」との言葉は、多くの人々から共感を持って受け取られ、いよいよ戦争が近づいているかのような雰囲気が広がっている気がします。このような現在の日本の状況に対して、戦争を拒否し平和を求める私たちは、これからどのように抗っていくかを考えてみたいと思います。

なぜ、戦争に負けたか？

先のアジア・太平洋戦争に日本は完敗しましたが、その理由を後に東大総長となった矢内原忠雄が戦後いち早く（一九四五年一〇月）、岩波新書で『なぜ日本は戦争に負けたか？』と題する本を出版しています。そこに、戦争に負けた理由として、日本人の資質において見受けられる欠点を以下のように指摘しています。

①責任観念の欠如：人が人に対して責任を持つ人格観念が欠如していることで、誰も自分の行動の責任を取ろうとしないし、周囲もそれを許容して責任を追及しないことです。よく使われる言葉に「水に流す」、「今さらアレコレ言っても仕方がない」、「これまでのことは忘れて明日からがんばろう」、「政府が決めたのだから従うより他なかった」があります。自他ともに責任を負わないのを当然としているのが日本人の特徴なのです。

②道義心が低い：正邪善悪に対する潔癖さがなく、周囲もそれを許容して曖昧にしてしまうことです。「臭い物に蓋」で、「コトを荒立てず」になあなあで済ませ、「誰も追い詰めない」ことを美徳とし、個人や社会の正義や倫理には目をつむり、正邪善悪を明確に判断・区別せず、誰もが傷つかないように丸く収めるのが、人間関係で一番大事になっていることです。正当な批判が出てこないのです。

③科学的精神の欠如：科学的に物事を考えようとせず、義理とか人情を表に出して、筋道通った理知的な思考を排斥することです。また学者の進言や提言は理想主義で児戯の戯言に過ぎないとして無視する一方、現実主義と称して実際的な立場で妥協を繰り返すので

す。その結果、あるべき姿を見失い、どんどん姿勢が後退していくことになります。学問の否定のために「日本精神」を持ち出し、合理的・論理的・物理的な思考回路ではなく、「愛国心」「大和魂」「根性」など精神主義を強調する、およそ科学的思考とかけ離れた発想なのです。

④神との関係：矢内原忠雄がキリスト者であったことからの彼の見方なのですが、神を前にしての日本人は「神に頼む（お願いする）」のに対し、西洋人は「神に誓う（宣言する）」と、明確な差があることを指摘しています。西洋では人と神の関係は対等で契約関係であることと比べて、日本人は神に甘えての従属関係（祈る、縋《すが》る）であり、自分としてどう生きるかを神に示していないというわけです。

さらに私は、次のような体質が日本人には顕著で、それが戦争に負ける要因になったのではないかと思っていることを付け加えたいと思います。

⑤自分より他人を優先し、自分の本音を隠す精神構造：日本人は「世間」の眼を常に気にして、悪く言われないように形を取り繕う傾向が強くあります。他の人に迷惑をかけないことを最優先し、お国のためとか皆のための意識が強く、「個」としての主張・本心・本音を隠してしまうのです。その結果として、良し悪しの判断をしないまま他人に同調することが習い性になり、それを他の人にも強要するのが当たり前になりました。個人の人

権を最大限に尊重して、「嫌なものは嫌」と自己主張する精神に欠けているのです。
⑥自分で決めずにお任せする体質：先の⑤と共通するかもしれませんが、何事についても専門家にお任せして、ご意見を拝聴するばかりで批判しないのです。そのため結果的に間違った意見に引きずられてしまうことになります。日本に民主主義が根付いていないと言われるのは、このような気質（「お任せ民主主義」）のためでしょう。特に科学技術について、専門家が吹聴する成果を満喫することに慣れてしまい、科学の成果の危険性を疑うことがほとんどありません。科学と名が付けばありがたがるのです。
じっくり考えてみれば思い当たることが多いのではないでしょうか。

国権よりも人権

ここで、先の⑤で指摘したことを、もう少し詳しく述べたいと思います。現在においても、日本人は「お国のため」、「皆のため」を優先して自己主張しない体質があります。それに起因して、「皆と同じであるべき」、「自分勝手は許さない」との周囲への同調圧力を、日本人の美徳であるかのように捉えている人が多くいて、また国がそれを奨励しているのです。私はこれを「国権主義」と呼んでいるのですが、国家の存続そして発展こそが第一とする考え方のことです。国家があってこそ国民の居所があるのだから、国民は国家のために奉仕をしなければならないとし、それに従わない人々に対して国家が消滅してもいいのかと脅迫するのです。それに抵抗すると、「非国民」とか「売国奴」と糾弾され、無理矢理にも国家の命令に従わされてしまうことになります。

国権の最大の発露は戦争であり、国民は国家の言うことに無条件に従わされ、戦争への道に突き進むことを強要されます。国家の軍隊は国を守るけれど国民を守らないことは歴史の法則です。このような国家意識を拒否し、国権主義に対抗するのは、一人一人の人権を大切にし、誰もが幸福に生きることを優先し、互いの人権を尊重し合う民権主義・人権主義です。もっと極端に私権主義と言っていいでしょう。単純に言えば、個人があっての国家であり、個人の集合体としての国家だから、「個人の幸福なくして国家なし」ということになります。戦争反対は人権を守る重要な砦なのです。

明治以来、アジア・太平洋戦争の敗北まで続いた「大日本帝国憲法」は、国権主義の典型的な憲法で、万世一系の天皇に絶対服従し、天皇の要請とあれば臣民（皇族以外の国民は皆天皇の家来）に命を投げ出すことを求め、それを当然としました。主権在君で、国民の人権は無視されたのです。国民はこれを受け入れた結果、戦争に突入していったのは必然の道であったと言えるでしょう。これに対し、戦後に制定された「日本国憲法」は基本的人権の尊重を第一に掲げた人権（民権）主義の憲法で、個人一人一人の人間としての権利こそが最重要であるとしました。ここで日本国憲法がどのような構造で作られているかを、復習しておきましょう。

日本国憲法の三層構造

日本国憲法は、「国権主義」の立場を放棄し、主権在民の「民権主義」を徹底して人々の人権と個々人の尊厳を第一義とし、憲法九条で非武装・非戦・平和主義を宣言して、「日本が再び侵略国家となる過ちを犯さない」ことを誓った憲法です。従って、憲法九条は他国からの侵略を阻止する条項ではありません。そこで日本国憲法は「三層構造」となっていると言えばわかりやすいのではないか、と思って以下に考え方を紹介しましょう。

第三層（大原理）憲法の最高目標。国民一人一人の個人の人権・人格・多様性の尊重・尊厳。
　憲法第一一条、第九七条。

第二層（三原則）最高目標（大原理）を支えるために国が守るべき不可欠な規範。
　憲法第九条、国民主権・基本的人権・永久平和。

第一層（自由と権利）国が守るべき規範（三原則）を実現させるために国民に保障され

た自由と権利。

憲法一三条以下、言論・出版・思想・良心・信教・学問・居住・職業。

つまり、国民の自由と権利を保証する最も基本となるべき第一層を固め、その上に国が守るべき規範を第二層に位置づけ、最大の目的である個人の尊重を最上階の第三層に掲げる、という「日本国憲法三層構造論」です。言い換えれば、最大目的である「大原理」を支える「三原則」のいずれかが欠けたり、「三原則」が依って立つ「自由と権利」のどれかが阻害されたりするのを見逃していると、日本国憲法が成立しなくなってしまうのです。このことをしっかり銘記していなければなりません。

立憲主義の二つの精神

そして、私は日本国憲法に定められている「立憲主義」の二つの精神を忘れてはならない、と強調したいと思っています。立憲主義とは、広く憲法に基づいて政治が行われることなのですが、日本国憲法が特に強く求めている二つの精神があります。

一つは、憲法九九条に「天皇又は摂政及び国務大臣、国会議員、裁判官その他の公務員は、この憲法を尊重し擁護する義務を負ふ」と書かれているように、国政は憲法の趣旨に従って行われなければならない、とあることです。立憲主義の精神として、政治に関与し得る人間は憲法を順守しなければならないと念を押しているのです。この条項には「国民」が入っていないことに注意してください。政治に携わる人間のみに課せられているのです。安倍前首相が「こんなみっともない憲法」と度々言っていたのですが、憲法を遵守すべき首相として憲法違反を堂々と犯していたわけです。

もう一つは、憲法一二条に「この憲法が国民に保障する自由及び権利は、国民の不断の努力によって、これを保持しなければならない。常に公共の福祉のためにこれを利用する責任を負ふ」と書かれていることで、自由と権利を行使する国民の義務と責任を明確に述べています。国民の自由と権利ですから国民に保障されるのが当然なのですが、不断の努力によって保持しなければならない、言い換えれば自由と権利を節度を持って使わなければ保持できないことも生じる、と警告を与えているのです。言論の自由があると言っても、ヘイトスピーチを行ったり、学問の自由があると言っても、許可なく人体実験を行ったりするのは倫理的に許されないように、私たちは倫理によって自らの自由や権利に制約を加えなければならないことが多くあります。国の強制や世間の同調圧力からでなく、自己の倫理意識によってそうすることが、真に国民の自由と権利を守ることになるというわけです。

この憲法一二条に「公共の福祉」という言葉が出てきました。通常は「公共＝みんなのための福祉（幸福）を優先する」という意味に解釈され、自分の幸福は後回しにするという意味に受け取られていますが、そうではありません。辞書にも「公共の福祉」とは「社会の構成員に等しくもたらされるべき幸福」とあるように、「自分もみんなも等しく」幸福を受けるということを意味しています。憲法一二条で「公共の福祉のためにこれを利用する責任を負う」とあるのは、自由と権利を、自分のためのみではなく、またみんなのためのみでもなく、「自分のためにもみんなのためにも利用する責任がある」と言っているのです。

以上のように、立憲主義の精神は政治に携わる人間の憲法遵守の義務だけでなく、国民に対しても、憲法で保障している自由と権利を節度をもって使う責任があることを述べているのです。そのことを忘れてはならないと思っています。

民主的法制の改悪の歴史

一九四六年一一月三日に公布され、四七年五月三日から施行された日本国憲法は、今述べたように個人の人権の尊厳を「大原則」とした三層構造を持つ、極めて明快で私たちが誇るべき憲法です。そして憲法に基づいて制定された法体系（教育・労働・社会福祉など）

と合わせて、日本が戦後民主主義国として出発する上で重要な指針となってきました。

しかしながら一九五〇年頃から、国際的には米ソの冷戦が激しくなるとともに、国内においても冷戦を反映して全面講和と片面講和の対立があったように、日本は一枚岩の団結状態ではありませんでした。特に一九五〇年に、南北朝鮮がそれぞれ米ソの後押しを受けた「朝鮮戦争」が勃発し、そのときの日本は米軍が中心の占領軍の支配下にありました。その結果、一九五一年のサンフランシスコ平和条約をアメリカと深く結びついた連合国とのみ締結し、同時に日米安全保障条約を結んで、西側諸国の一員として歩むことを決めました（これらの条約は、翌一九五二年に公布・発効）。以来、日本はアメリカと強く結びついた保守政党が長く政権をとる国となり、民主的憲法体制を掘り崩す歴史が長く続いてきました。私は「日本の戦後史は、戦後まもなく制定された民主的法制の改悪の歴史であった」と要約しています。

その第一は、憲法九条で「陸海空軍その他の戦力は、これを保持しない」と謳ったにもかかわらず、一九五四年に「自衛隊」が発足したことでしょう。元々は、一九五〇年に治安維持を名目とした「警察予備隊」（警察力を補強するため）が発足し、一九五二年には駐留軍の減少に伴って、国家の安全・秩序維持のためとして「保安庁」が作られ、そこに属する「保安隊」（陸上警備）と「警備隊」（海上警備）へと拡充されたことにあります。そして、一九五四年に「防衛庁」を発足させ、そこに保安隊を陸上自衛隊へ、警備隊を海上自衛隊へと改組し、あらたに航空自衛隊を新設して正式に「自衛隊」としたわけです。

いずれの国でも軍隊を「国防」のためとしているように、「自衛」隊も実質的に強力な軍事力を有する軍隊と同じなのです。しかし、自衛隊は軍隊と完全には同じではない側面があります。この点を強調しておきたいと思います。

日本では警察と自衛隊のみが武器を携行することが許され、身の危険が迫った場合には武器を使用することが認められています。そして、武器使用によって被害者が出た場合には、警察法・自衛隊法で裁かれるのですが、その基本原則は通常の刑法に則っています。警官も自衛官も、原則的には人を殺傷してはならないと定めた民間人と同じ法律に従っているのです。一方、軍隊は敵を殺すことが目的の集団ですから、通常の刑法を適用するわけにはいきません。むしろ人を殺したことを顕彰する場合があるためです。そのために、軍隊用の「軍事法規（軍法・軍律）」が定められ、軍人の行為を裁く「軍法会議（軍事裁判所、軍事法廷）」が通常の裁判とは別個に設けられることになります。つまり、軍隊には必然的に軍人のためのみの軍事法規と軍法会議が必ず伴っているのです。

日本の自衛隊には、今のところそれらが存在していないので、形式的には軍隊ではないのです。自民党が憲法「改正案」として、九条二項に自衛隊を書き込もうとしているのは、憲法で正式に自衛隊を軍隊として認知すれば、そのための法規を定め軍法会議を整備することができる、との魂胆があるためです。現状では日本は、憲法で戦力を保持しないと謳いながら世界有数の戦力を持っており、国際的には自衛隊は軍隊と見なされているという倒錯した状態にあります。これは一九五四年の自衛隊の発足から抱え続けてきた矛盾なのです。

戦後史は民主的法制度を改悪してきた歴史と述べましたが、振り返ってみると実に多くの民主的な法律が改悪されてきました。詳しく言いませんが、公務員法、労働基本権や労働基準法、教育委員や農業委員の選出、学校制度、教育基本法、教科書検定、国立大学法人化、地方自治法などが思い浮かびます。いったん「悪法」が通ってしまうと、それは時間とともにさらに改悪されていくことを忘れてはなりません。日の丸・君が代が法制化されると、やがて各人に強制するようになり、従わないものには罰則が課せられるようになっているように、「悪法」は拡大されて個人の自由を奪っていくのです。

「梅雨空に「九条守れ」の女性デモ」という俳句が一等になったのに、「公民館だより」に掲載されないという事件が裁判になりました。「九条守れ」という当然の声が、「政治的に偏っている」として排除される事態が生じているのです。これは公民館に務める人（地方公務員）の偏った公平感が、「言論の自由と言いつつ、政治的思惑を過大に忖度して言論の自由を封殺する」ことになっているのです。このように、民主的な法制が改悪され続けているがために、普通の人が持つ民主的な判断力が曇っていないか、私たち自身点検しなければなりません。

軍事化が進む日本の危険性

ロシアのウクライナ侵攻以来、特に「日本が攻撃されたら武力で対抗しなければならない」との論が強くなり、そのためには「日常的に軍事力を強化していなければならない」という意見が多数を占めるようになっています。いわゆる「軍事力による抑止論」で、軍事力を強化すれば敵が攻めようとするのを抑止できる（思いとどまらせる）という意見です。この意見にはいくつも疑問があります。まず「敵」とはどこの国か、という疑問です。北朝鮮か？　ロシアか？　中国か？　さてこれらの国々は、日本の何を狙って攻撃してくるのでしょうか？　それらの国々は、少子高齢化の、資源に乏しく、狭い土地で、主な工業生産拠点を外国に移している日本を攻めて、さて何のメリットがあるのでしょうか？

将来、中国が台湾を併合する場合、日本は戦争に巻き込まれるだろうから武装して守らねばならない、と思っておられるかもしれません。しかし、そんな併合は起こらないかもしれないし、日本がそれに干渉しなければ戦争に巻き込まれる危険性はないでしょう。もし併合が起こったとしても、なぜ日本と中国が戦争しなければならないのでしょうか？

　こんなふうに詰めていくと、そもそも日本は軍事力強化をする必要がないはずです。戦争を煽っている国や政治家の大きな声に惑わされているのではないでしょうか。それに応じて日本が軍事力を強化すれば、いわゆる「敵」国も日本からの攻撃を抑止するために軍事力を強化するでしょう。それを見た日本はいっそう軍事力を強化することになり、対抗する「敵」国もより強い武器で対抗し……というふうに双方が軍拡をエスカレーションさせ、止めどない軍拡競争に陥ることになります。それは資源を浪費し、国力を消耗するだけのことなのです。これを「軍事強化のパラドックス」と言います。戦争を回避するために軍事強化を行っているはずなのに、軍拡競争を引き起こし、むしろ戦争を引き寄せることになっていく、つまり矛盾した結果を招くことになるからです。

　このような軍拡競争を煽っているのは、私は軍需産業の陰謀ではないかと思っています。軍拡で最も喜ぶのは軍需産業であるからです。このことを考えると、「軍事力で国を守る」という考えは無意味であることは明らかでしょう。しかし、現在の日本は敵基地攻撃能力を獲得し、軍事予算をＧＤＰの二％にまで増額して世界第三位の軍事国家になろうとしています。また軍事予算の増額で自衛隊は「軍拡バブル」になって、あれもこれもと武器を買い込んでおり、私は「兵器累積して国民飢える」ことになりかねないと強く懸念しています。

今、世界を見渡して、憲法で軍隊を持たないことを誓っている国は日本とコスタリカの二国だけなのですが、この二国間には大きな差異があります。コスタリカは大統領が率先して憲法を擁護し、GDPに占める教育予算の割合は世界一の国であります。これに対し、日本は首相が率先して憲法を否定して改悪を煽っており、GDPに占める教育予算の割合はOECD諸国（経済協力開発機構、いわゆる先進国）で最低の国なのです。この決定的な差異は、国の未来の浮沈を暗示しているのではないでしょうか。

軍事力ではなく「人間力」による戦争の抑止を！

日本国憲法は、その「大原則」にあるように、個々の人間の生命・生活・人権を守ることを最優先し、軍事力に頼らず安全・安心を確保することを目標としています。そのために軍事的抑止論を拒否し、非武装で世界の平和を仲立ちする日本であることを宣言しました。平和主義を掲げる日本国憲法の趣旨は「座して平和を待つ」のではありません。国家間の紛争・対立・不同意・齟齬などがあれば、交渉・話し合い・説得・調停などの外交的手段と国民間の友好的結びつきを通じて平和を保つ、そんな働きかけを積極的にすることを求めているのです。私はこれを「人間力」と呼んでいるのですが、戦争を抑止するのは誰もが人間力を発揮して、互いに理解し合うことなのです。

私は常々「ピカソで平和を守る」と言っています。「ピカソ」は文化のことを象徴的に述べているのですが、文化が溢れる街を造り、文化に満ち満ちた国とすることこそが、究極の平和をもたらすと考えるのです。世界中がフィレンツェやベネチアやロンドンや京都や奈良のように、文化が溢れている都市ばかりであれば、これを空爆して破壊できるでしょうか。「軍事基地はミサイルを呼び寄せ、文化に満ちた都市は友愛を呼び寄せる」のです。私はこれこそが「ピカソで平和を守る」精神であると思うのですが、それは世界中の町が「非武装都市宣言」を発することにつながるのではないでしょうか。

あくまで戦争に抗する!

ウクライナの言葉に、「最悪の平和であっても、戦争よりはまし」があります。現在ロシアと熾烈な戦いを続けているウクライナの人々は、こんな言葉をひそひそと交わしているのでしょうか。私は、ウクライナのゼレンスキー大統領が先頭に立って白旗を掲げ、「世界の人々が見ている前で停戦交渉をしよう」とロシアに呼びかけるのが、戦争を止める一番の策だと思っています。しかし、今はアメリカを中心とする西側（NATO）諸国の代理としてウクライナがロシアと戦っている状態であり、そう簡単に白旗を掲げることは不可能でしょう。他に、ウクライナには「一〇年の交渉の方が一年の戦争より優れている」という言葉もあり、このような非戦を待望する意見がもっと強くなるのを願っています。

アジア・太平洋戦争の末期に日本で唯一の地上戦を戦い、多くの命が失われた沖縄では「命《ぬち》どぅ宝《たから》」という言葉があります。悲惨な沖縄戦を省みて、「いかなる事態になっても、命を長らえることこそ大切で、死んでしまっては何にもならない」との絞り出すような気持ちが込められています。「命あっての物種」とも言いますが、私は「平和に勝る戦争無し」と言えると思っています。最後に石井百代さんの、母親たちに呼びかける短歌を紹介して、私の話を終わります。

徴兵（戦争）は命がけで阻むべし
母・祖母・おみな
牢に満つるとも

第2話
トランスサイエンス問題
科学の限界と原発の安全性

二〇二四年二月二二日　京都市民弁護士会・原発勉強会

原発を巡る諸問題

科学者の一人として、現代科学の現状から見た、主として地震に関連した原発の安全性に関わる事項について意見を述べたいと思います。第一に取り上げたいのは、現代科学が不得手とする「複雑系の科学」に関わることで、自然現象である地震（一般に破壊現象）は複雑系の典型例であり、人間が造り出した人工物である原発も複雑系の技術なのです。私たちが通常相手にしている要素還元主義の科学は、その意味では「単純系」を扱っており、微分方程式と初期条件を与えることで解は完全に決定され、原因と結果が一対一で対応します。他方、複雑系においては同じように微分方程式と初期条件を与えても、解は一意的に決定せず、原因と結果は一対一ではありません。扱う対象が、このような「複雑系」に属する場合、どう対処すべきなのでしょうか。

さらに、現代科学の難問として「トランスサイエンス（科学を越える）問題」と呼ぶ、「科学に問うことはできるが、科学だけでは答えられない問題」があります。原発に絡んでは、地震発生の「予知」、活断層の認定、土地の液状化の判断、基準地震動の決定など、地球物理学的課題についてトランスサイエンス問題が多くあります。このような、現代科学では直ちに明快な答えが得られないにもかかわらず、何らかの対応策が求められることに遭遇します。そのような場合、科学では明快な解答が得られないのですから、科学以外の新たな原理・原則を持ち込んで、それに従って判断することになると思われます。問題は、その原理・原則がいかなるものであるか、ということです。私は原発の安全性に関しては、「予防措置原則」（「安全性最優先原則」）、あるいは「人格権優先原理」とも言うべきものではないかと思っています。原発推進派は、「経済活動優先原則」を持ち出すことでしょうか。司法は、科学に代わる原理・原則に則って断を下す場、と明確にするのがいいのかもしれません。

地震を引き金として生じた福島第一原発の過酷事故を経験した現在においては、「安全神話」は完全に覆り、もはや誰もが原発は「絶対安全」と言うことができなくなりました。その結果、登場してきたのが「相対的安全論」です。その論法は、異なった観点からの相対軸を立てて、それと比較することで「よりまし」と主張するものです。原発事故は起こり得ることを認めざるを得ないので、「××と比較すれば（原発事故は）たいしたことではない」という議論の立て方です。しかし、それは原発事故の悲惨さを覆い隠してしまいます。私たちは、原発事故の悲惨さに常に立ち返らねばなりません。原発の過酷事故によって周辺地域に放射能汚染が引き起こされ、何万人もの住民は生業を失い、一家が離散し、土地を放棄し、故郷を喪失し、将来何十年にもわたって被ばくの後遺症に怯え、関連死を被る、というように人々の人格権・幸福追求権が全否定されるのですから。

このような取り返しがつかない原発事故による被害は、決して相対的代用物と比べることができません。また、技術における「失敗学」(技術の実践において事故=失敗が起これば、その原因を究明して次は失敗しないよう教訓を生かす論)は、原発の技術に適用すべきではありません。失敗学は原発事故を通常の航空機や鉄道事故と同一視する立場であり、その被害の悲惨さが桁違いであることを考えると、受け入れ難いためです。原発は失敗学の適用外なのです。こうして、原発事故がもたらす悲惨さを想い、事故の補償は何物をもってしても不可能であることを考えると、原発事故は二度と起こしてはならず、原発に「絶対安全」を求めなければならないことになります。しかし、人間が開発した技術は、その本質から「絶対安全」と言うことができません。つまり、原発は自己矛盾を孕んだ技術なのです。さらに、地震国・火山国である日本は、いつこれらの天災に襲われ、それが引き金となって原発事故へつながるかわかりません。自然災害の多い日本では、原発の「絶対安全」はあり得ないのです。自然災害と原発、この対立事象を解くためには原発を廃棄する以外にはありません。

新潟県において二〇一七年八月に「新潟県原子力発電所事故に関する三つの検証委員会」、そして二〇一八年二月に「新潟県原子力発電所に関する検証総括委員会」が起ち上げられ、私は後者の委員長に任命されました。二〇二三年三月に任期切れで解任されるまでの五年余り、私は検証総括委員長として、三つの検証委員会（技術委員会、避難委員会、生活と健康委員会）の傍聴を行って、原発事故を引き起こした技術的問題点、事故時の避難の困難性、事故によって引き起こされた生活上・健康上の被害などに、どう対処すべきか考えることが多くありました。

その一つが、原発に関連する諸機関（立地自治体、原子力規制委員会、電力会社、司法）に託された原発の安全性に関わる課題についての疑問です。果たして、これらの機関に危険な原発の命運を任せられるのか、という問題と言えます。実際、原発が事故を起こしたとき、これらの機関のいずれにおいても実効的な避難についても責任をもった検討をしていないのです。その理由は明白で、安全で被ばくのない避難計画の提示は本来的に不可能であるからです。つまり、再び原発が過酷事故を起こしたら、福島で起こった避難時の混乱が繰り返され、震災関連死も含めて、避難によって付け加わる多大な犠牲も覚悟しなければならないのです。そのため、一次被害（原発事故による避難時の被害）、二次被害（いったん避難した後の避難先での被害）、三次被害（避難先から避難元への帰還もしくは帰還できない状態における被害）というふうに、避難を強いられた住民は質的に異なった避難行動を何度も経験することを覚悟しなければなりません。原発災害によって、数多くの住民がこのような苦難が強要されることを考えれば、やはり原発を廃止するしか人々の「人格権」を保証できないと思われます。

以上述べた事柄について、詳しくお話ししたいと思います。

科学技術の限界

複雑系

近代科学が成功したのは、科学者が「要素還元主義」という手法を発見したことにあります。対象とする自然現象について、そこで生じている反応や作用に関与している物質の重要と思われる要素（属性）を抜き出し、その要素の運動や変化に問題を帰着させる（還元する）方法で、これを要素還元主義と呼んでいます。木の姿を求めるのに、多数の小さい枝を切り落として、太い幹のみに注目するようなものです。こうすると問題は単純になり、その物理的な振る舞いも簡明になって解を得やすくなります。このような手法で扱える対象を「単純系」と呼び、微分方程式で表すことができ、初期条件（または境界条件）

を与えると、解は完全に決まることになります。この場合、原因と結果は一対一で関係づけられ、厳密に解くことができます。従来の科学は要素還元主義が適用できる、比較的解が得やすい問題を主に扱ってきたのです。

湯川秀樹が「自然は曲線を創り、人間は直線を創る」と述べたのですが、二点間を直線で結ぶ方法はただ一つで「線形」関係と呼び、曲線で結ぶ方法は無数にあり「非線形」関係と呼んでいます。湯川秀樹は、自然現象は本来的に非線形（曲線）関係なのだが、人間は線形に近似して（直線で結び）理解しようとしている、しかしそれは正しいことだろうかと疑っているのです。要素還元主義とは、いわば線形関係で自然を記述してきたことに対応します。しかし、自然界を見渡してみると、要素還元主義が適用できない複雑な問題が多数存在することに気づかれるようになりました。簡単に解けないので「複雑系」と呼び、後回しにしてきたのです。

一般に複雑系とは、重要な要素が多数あって少数に絞り込む（還元する）ことができず、さらにその要素同士が非線形の関係で結ばれている場合です。非線形の相互作用が働いていると、原因と結果の関係は一対一ではなく、一対多となる（一つの原因に対していくつもの結果が生じる）ことが普通です。そのため、どの結果に導かれるか前もってわからず、わかってもほんの少しの条件の違いで異なった結果となってしまうため、問題が難しくなるのです。
複雑系の研究が進むにつれて、その解の振る舞いの特徴がわかってきました。
①通常の規則的な運動をしていても、突然「カオス」と呼ばれる不規則な運動が発生し、結果がユニーク（ただ一つ）に決まらないことです。一つの原因に対して生じる複数の結果が次々と現れると言っていいでしょうか。
②単独の場合の現象は既知であっても、多数が集まると既知の運動の単純な集合ではなく、未知の新しい集団運動が発生することです。弁証法で言う「量から質の転化」の法則に対応しています。
③非常に小さな数値上の誤差や不規則な雑音（これらを揺らぎと言います）であっても無視できず、時間が経つにつれて大きく成長することがあります。中国の蝶々（バタフライ）の一舞で生じたごく小さな空気の乱れが、最後にはニューヨークを襲う台風になる、という大げさな譬えから「バタフライ（蝶々）効果」と呼ばれています。しかし、どの揺らぎがどう成長するかわからないのです。
④「自己組織化」と呼ばれる、ある状態にある物質が、何の刺激もなく、突然全く異なった新たな別の状態へと大きく変わってしまう現象があります。その場合、新たにできた状態が自己組織化したと言います。例えば、砂を上から落としていくと、最初は先が

尖った高山状に砂は積もっていきますが、ある段階でその形が突然台形状へと大きく変化するような場合です。

複雑系の典型は気象（お天気）の問題です。天気予報は八〇％以上当たっているので成功した科学と思われていますが、そうではありません。一〇〇％適中しないからです。天気予報の方程式をそのまま長時間コンピューターで計算を続けると、「カオス」が発生したり、「バタフライ効果」が生じたりして、解がめちゃくちゃになってしまいます。そこで天気予報の計算において実際に行っているのは、方程式の初期条件として雑音が成長する前の計算結果を使っており、結果が大きく現実とずれないようにしているのです。

お天気は、空気中に漂う水蒸気の量が少なければ晴れ、多くなると曇りから雨となります。その水蒸気の量は、地上に存在する液体の水や太陽から来る日照量や空気中に浮遊する雲や塵の量に大きく影響されます。これだけでも太陽光と水・水蒸気・雲・塵との間に相互作用があり、それらは非線形関係で結ばれていて時々刻々と存在量が変化しているのです。それらの時間変化の上に、空間的に風（気圧差）によって動かされ、相互に反応が変化することも考えねばなりません。その運動は大気の高さによって異なり、山や海や川の存在によって影響を受けるでしょう。これだけの変化を調べるために、大気の層を小さく区切ってその内部の水蒸気量の時間変化を刻々と追っかけており、その結果としてお天気を決めているのです。水蒸気量を支配する方程式をそのまま強引に解いても、答えが明確に決まらないので複雑系というわけです。日々のお天気のみならず、より長い時間スケールの気候現象、地球環境問題、生き物が捕食・被食の関係で結ばれる生態系、物価や金融や景気や為替などが絡み合う経済現象、さまざまな臓器が互いに関係し合いながら生きている人体など、私たちの周辺には複雑系が溢れていると言っても過言ではありません。

現在でも難問とされている複雑系として「破壊現象」があります。鉛筆の両端に折り曲げるような力を加えたとき、いずれ折れる(破壊される)ことはわかっていますが、いつ、どの箇所が、どのように折れるか、予測も決定もできません。また実験を何度繰り返しても同じ結果にはなりません。もっと複雑なのが地震で、地下における岩石破壊によって引き起こされる現象です。岩石にはさまざまな方向から異なった力が働いていて、いつか破壊されるのですが、岩石の組成は硬軟非一様だし、過去の損傷や合体などいろんな履歴が残されておりますから、どのように破壊が進行するかは予測できないのです。ましてや地震は目に見えない地下で起こっている岩石破壊ですから、その過程を解明することは不可能と言わざるを得ません。従って、地震がいつ、どこで、どのような規模で起こるか、あるいは起こらないか、「予知」できないのです。このような破壊現象は現代科学が抱える難問なのです。特に、日本の地下では何枚ものプレート状の岩盤が互いに押し合って歪んでおり、プレートの破壊、つまり地震がいずれ、必ず起こることを覚悟しなければなりません。日本は地震から逃れられない国なのです。そして何度も言いますが、いつ、どこで、どのような規模で地震が起こるか予測できないのです。

複雑系としての原発

原発という人工物も複雑系と捉えることができます。原発では、①核分裂反応による熱エネルギーの発生→②その熱エネルギーを水が吸収→③高温高圧になった水の水蒸気への状態（相）変化→④その水蒸気の圧力による電気タービンの回転→⑤電気エネルギーの発生、という何段階にもわたるエネルギー転換（エネルギーの形態変化と輸送過程）が絡んでいます。その変化や輸送の過程には予期できない揺らぎが必ず伴っています。例えば、電気タービンの回転運動に生じたほんの少しの変動（運動の遅速の揺らぎ）が、バタフライ効果で大きな振動になって機器類を破壊する可能性があります。事実、完成された技術とされている火力発電において、電気タービンの破壊事故は現在も日常的に生じているのです。原発は①から③の原子炉部分と④と⑤の通常の発電部分に分かれていますが、発電部分にこのような異常が発生すれば、当然原子炉部分の核反応に反作用しますから、制御棒による核反応の的確なコントロールが必要になります。ところが、かつて東電の原発に燃料集合体と制御棒を包み込むシュラウドにひび割れが生じていたことが見つかったように、このような障害が生じていると核反応の制御が困難になる可能性があるのです。

原発は複数の反応系の集合体であり、各反応系に生じたズレ（揺らぎ）が一方的に拡大して、原子炉が破壊される可能性があります。むろん、そのような不安定が起こらない、あるいは打ち消し合う設計となっていますが、製作ミスや人間のミスが絡むと設計通りに動くとは限りません。また、パイプや配管の目に見えないくらいのごく小さな損傷が、ある閾値を超えると非線形作用で一気に破壊が進行し損傷部分が拡大して、大事故に至る蓋然性も考える必要があります。美浜原発で蒸気細管の破壊事故によって人身事故が起きたのがその一例です。しかし、蒸気細管がいつ、どの程度の破壊へと発展するか、前もって予測できませんから、実際に一部でも壊れると全体を取り替えているのが実情なのです。

このことが、老朽原発（高暦年炉）の危険性に直結しています。原発は永遠に壊れないわけではなく、いずれ壊れることは確かですが、いつ壊れるか予見できません。裁判で住民の原告側が老朽原発の破壊の危険性を指摘すると、被告の国や電力会社側は「いつ壊れるか立証せよ」と要求し、「いつ壊れるか立証できないのだから、壊れることを心配しなくてよい」と反論するのです。そして裁判官も被告側に同調して「破壊時期の立証がない」ことをもって、原告側を敗訴にした判例もありました。破壊現象が複雑系であって単純に答えられないことを知っていたら、ナンセンスな議論であるとわかるでしょう。いつ壊れるかは誰も立証できません。そのため、用心して壊れる前に老朽原子炉の使用を止めねばならないのです。破壊時期が立証できるのは破壊が起こった時であり、その時に立証できても手遅れなのです。

原子炉は常に高温・高圧の水や蒸気に曝されていますから、金属配管の減肉や圧力容器の経年劣化（「応力腐食割れ」）が起こっています。さらに圧力容器の壁は中性子照射を受け続けて脆くなっているでしょう。また、金属鋼材はある遷移温度以下になると変形に対する粘り強さが小さくなることが知られているのですが、絶えず中性子照射を受け続けていると、その遷移温度が上昇することがわかっています。つまり、時間が経つにつれて危険温度領域が広がっていくのです。しかし、遷移温度が何度になったら粘り強さが一気に失われて破壊されるか、これもまだ解明されていません。

そのため、二〇一三年に定められた新規制基準では安全性を見積もって、原発の使用は四〇年を限度とし、「例外的に」二〇年の延長を可としたのです。航空機や自動車や鉄道車両などでも安全性を担保するため耐用年数を課しており、それを過ぎると廃棄しているのは、突然壊れる危険性を警戒しているためです。ところが原発は見たところ健全そうだからと、これまで申請のあった四〇年超となる四原発八基の二〇年延長をすべて認めてきました。延長は「例外的」でなく、「通常」となっているのです。さらに、二〇二三年五月には、休止期間を入れて六〇年を越しても稼働できるとの電気事業法の「改正」が行われました。このように、破壊現象がまだ未解明であることにつけ込んで、安易に原発を使い続けていると、必ず手ひどいしっぺ返しを受けるでしょう。そんな事故が起きる前に、老朽原発から急いで廃炉にするのが賢明なのです。

トランスサイエンス問題と原発

複雑系の科学を含みますが、それより広い意味で「トランスサイエンス問題」があります。一般に、「科学に問うことはできるが、科学だけでは答えられない問題」とされていますが、いくつかのカテゴリーに分けられます。

① 複雑系の科学に属する問題群（先に述べた、天候や気象、破壊現象、地震、地球環境問題、生態系、経済、人体など）、

② 科学的な検討を行うことができるが、非常に微妙な要素があったり、あるいは非常に小さな確率の事象であったりするので、明瞭に実証するのが困難な問題群（例えば、

微量放射線被ばく、公害や薬害の患者認定など）、

③　科学的手法で正解は出せるが、それが社会的に実践されるためには、科学以外の要素の考察が不可欠な問題（例えば、技術の安全基準、パンデミック対策、漁獲制限など）、

④　科学的に検討すべきことが多くあって、すべてが明らかになるには長い時間がかかるが、応用を急ぐ社会的圧力が強くてアドホックな（とりあえずの）解答で妥協している問題（例えば、遺伝子組み換え食物、環境異変、活断層の認定など）、

などでしょうか。

先に①については述べたので、②に挙げた問題から考えましょう。例えば、微量放射線の被ばく問題では、極端には一〇〇ミリシーベルト以下なら（これを「閾値」と言います）何ら健康に悪影響を与えないという説と、いくら微量であっても閾値はなく、その量に比例した悪影響は必ず生じるという説があります。現在は、ＩＣＲＰ（国際放射線防護委員会）が採用している後者の説（ＬＮＴ仮設：閾値なしの直線仮設）に準拠しているのですが、それに反対する研究者も多数います。放射線利用に携わる研究者は、放射線による危険性は小さいとの建前から、一般に微量放射線の被ばくについて甘いようです。

実際、一〇〇ミリシーベルト以下の被ばくの場合、通常すぐに病気は発症せず、そのま

ま一生発症しないか、長い時間が経ってから発症することが多いのです。発症したときには、他の要因（喫煙・飲酒・老化など）によって病気が引き起こされた可能性もあり、被ばくが主たる原因だと証明するのが困難です。ＩＣＲＰがＬＮＴ仮説を採用しているのは、いくら低容量であっても、可能な限り被ばくを避けるに越したことはない、との立場を重視しているためです。そこには、危険性は証明できなくとも安全性を重視する、という科学以外の原則が考慮されていることがわかると思います。

ところが、水俣病の認定では、例えば具体的な病状三つが現れていることを患者認定条件とし、病状が二つの人、一つの人は切り捨てられています。ところが人体は複雑系ですから、人によって病状が明らかに出る人や出ない人がいるのは当然です。そのことを考慮せず、「三つ」という条件を機械的に基準として導入しているのです。ニセ患者が紛れ込むのを防ぐためとされていますが、事実は科学的診断で明確に水俣病だと判断できないためなのです。まさにトランスサイエンス問題で、この場合、たとえ症状が二つ以下であっても、幅広く患者認定を行って公費で治療を行う人を増やすのが人道的、という原則を採用すべきではないでしょうか。

③のトランスサイエンス問題として、「技術の安全基準（現実的適用）」について述べましょう。私はこれを「技術の妥協」と言っているのですが、すべての人工物には安全基準

が定められていて、それを満たせば合格として社会に流通させていることです。例えば、どんな地震にも壊れない技術的に完璧な建物としようとすれば、直径二メートルの柱とか厚み一メートルの壁としなければなりません。それでは実用にならないし、何より莫大な費用がかかって現実には実行不可能です。そこで、想定する地震の揺れの上限に耐えられる耐震基準を定め、それを満たせば合格としているのです。

つまり「安全基準」とは、材料の強度や耐用年数のような科学で測れる条件を課し、その条件を満たせるための経費とか手間とかに対する社会的要請を考慮して策定されているものなのです。完璧から何歩か「譲歩」、あるいは現実との「妥協」をしなければ技術は現実生活に生かせないのです。このような技術の安全基準（「譲歩点」あるいは「妥協点」と言うべきでしょう）をどう決めるかは、科学以外の社会的要素（工期・経費と需要・実現可能性との関係）を考慮しなければなりません。だから、これもトランスサイエンス問題の一つなのです。

ある原子力の専門家は、「安全性を考えて、あれもこれもと欲張って措置しようとすると原発は設計できない、「割り切り」が必要だ」と述べました。これは実に正直な発言で、原発という技術は「割り切り」、つまり科学的に完璧（な安全性）を保証する要素を、現実と妥協させるために切り捨てることによって成立していることがよくわかります。どこを割り切るかは、事故が起こる可能性・使用頻度・安全装置を設置する費用等を考え合わせた上で、安全のための裕度をどれだけ切り詰め、事故が起こらないための手立てを最小にするか、で決めているのです。それらは科学で決まることではなく、メーカーや事業者や専門家の裁量（経営的判断、手当てに必要な経費と時間等）で決まっていると言えるでしょう。これらは科学では決まらない人間の側の事情なのです。

④のトランスサイエンス問題として、「活断層」の認定問題を考えてみましょう。基準地震動の策定においては、原発立地場所と活断層との関係が大いに問題になります。地震によって一度断層が生じると、それに沿う地盤は弱くなり、再び力が加わると動きやすく、そのため地面の揺れのエネルギーが断層に集中して地震の通路になります。活断層は、現在でも地震エネルギーが伝搬する通路であり、地面の大きな揺動が生じやすい場所なのです。従って、原発の敷地に活断層があれば地震によって施設に大きな被害が生じる蓋然性が高くなるので、活断層の有無が厳密に調査されています。活断層の上の建物を引き裂くような力が働くので、原子炉建屋が活断層の真上に設置されていたら大変なことになります。そのため、原発周辺部の活断層の有無は原子力規制委員会でも特別にチェックすることになっているのです。

ところが、そもそもまず断層の認定が困難なのです。研究者によって結果の解釈が異なることもあり、地下断層の統一した定義が定まっていないのが実情です。そのため、地表に明確な証拠を残しているものしか確実な断層と認めないという傾向が強く、それが断層の有無や長さについて、電力会社の主張（一般に断層の存在を否定する傾向）と研究者の主張（断層の存在を肯定する傾向）が対立する原因となっているわけです。

さらに、その断層が「活断層」であるかどうかの判定が難しいのは、原子力規制委員会が目安としている過去一二から一三万年前までに動いたかどうかの決定です。地層の軟性のために、地表では途切れて見えなくなっている断層でも、地下では斜めに連なっている場合があります。地下であっても活断層であれば地震で強く揺れますから、丁寧な追跡をしなければなりません。地表面では活断層が存在しないように見えても、地下に活断層が隠れている場合があるのです。このように、活断層の認定は一筋縄ではいかず、入念な調査をしても結論を出せないことが多く、まさにトランスサイエンス問題なのです。

日本は地震国であり、土地の変動（隆起・沈降）が多いのであらゆる場所で断層が見出され、断層が存在しない土地の方がむしろ少ないと言えるでしょう。他方で、活断層の認定や評価については経験主義的な知見が重視され、そのような「専門家」が学界を牛耳り、また電力業界と強い結びつきを持っていたことも問題にしなくてはなりません。そのため、原発設置場所の活断層の正確な認定については、まだ長い時間を必要としそうです。その間に、原発立地場所近辺で地震が発生し、無視してきた活断層のために原子炉破壊を招くことになるのではないかと心配しています。

活断層の認定は、先に述べた「トランスサイエンス問題」の一つとして、現代では簡単には決着がつけられない問題です。現に、原子力規制委員会の審査においては、いくつかの原発において活断層の有無について明快な結論が得られず、その判断に多大な時間を費やしています（例えば、北海道電力の泊原発や北陸電力の志賀原発）。多くの場合、電力会社の主張を受け入れて活断層の存在を認定せず、原発の稼働を許可することになってきました。一般に、「有り無し」の議論では、「有り」には決定的な実在の証拠で十分なのですが、「無し」にはその証拠が必要とされませんから主張しやすいのです。ましてや、「活断層有り」と認定すれば原発の稼働を差し止めることにつながりますから、原子力規制委員会としては可能ならそれを避けたいと思っているはずです。規制委員会は、これまで「適合」を出したことはあっても「不適合」を出したことはありませんから[1]。

新たな原理・原則の適用

複雑系の問題やトランスサイエンス問題では、科学的に完璧な答えはすぐに得られません。しかしながら、社会的要請として何らかの結論を早急に求められることが多くあります。裁判に訴えられるのは、このような場合なのです。しかしながら、裁判による強引な（非科学的な、一方的な）判決ではなく、問題となっている科学の議論をいったん中止し、何らかの新たな原理・原則を導入して、それから導かれる指針から判断するという決着の付け方があるのではないでしょうか。

例えば私は、新しい技術の導入の際には「予防措置原則」を適用するのがよいと思っています。この原則は、「問題となっている新技術について、少しでも危険性の指摘があれば、その危険性が具体的に生じることが証明されていなくても、危険性の予防のために技術の使用を中断する。そして、危険性を克服する（除去できる）まで実験を行い、除去できないと結論されればその技術は廃棄する」というものです。私はこの原則を「安全性最優先原理」と呼んでいます。特に、原発のように、いったん事故が起これば甚大な被害が予想され、その危険性が指摘される技術には安全性が最優先されねばならず、それが証明できない場合には稼働させないとする、のは妥当ではないでしょうか。「疑わしきは罰する」原則です。

これまで「予防措置原則」の立場で成文化されたのが、遺伝子組み換え食物の安全性についての「カルタヘナ議定書」で、二〇〇三年に発効しました。原発は数多くの危険性が指摘され、実際に過酷事故を引き起こしたのですから、「安全性最優先原則」を発動し、商業的使用は中止して実験に止める、あるいは何回も大事故を引き起こしてきたのですから、もはや危険性が克服できないとして原発技術を放棄すべきだと思います。むろん、技術の問題のみではなく、活断層の有無のような問題にも、この原則は適用できるでしょう。活断層の存在が指摘される場合、安全性を確保するためにはまず安全性を優先する立場から「活断層有り」とした前提で審査を行うことです。また疑わしい場合であっても予防のために「活断層有り」の判断を採用すべきなのです。

現在のような、競争原理と自由主義を基本とする資本主義社会においては、「予防措置原則」はほとんど無視されてきました。新技術が発明されれば安全性は二の次で、いち早

(1) 日本原電が運転してきた「敦賀二号基」の原子力規制委員会の最近の審査では、「原子炉建屋の直下に活断層がある恐れが否定できない」として、初めて新規制基準に適合しないとの断を下しました。「活断層がある」と断定せず、「恐れがある」と婉曲に言っているのは、活断層の有無の完全な断定が困難であることを暗示しています。しかし、規制委員会は相当な自信を持って「恐れがある」と断定に近い表現をしていることは確かかと思われます。これに対し、活断層が「無い」は本来証明できないとして「悪魔の証明」だと主張し、原子力規制委員会は日本原電に無理な注文をしていると言う「専門家」もいます。

く商業化して儲けと結び付けようというのが資本主義の常であるためです。その技術に危険性があっても犠牲者が出るまでは放置され、犠牲者が出た後になってようやく規制が強化される始末です。一種の人体実験と言うべきでしょう。極端な例として、危険性が指摘された車をリコールする費用に比べ、犠牲者への賠償金の方が安くつくから、そのまま危険車を売り続けたことがありました。これは「安全性最優先原則」とは真逆の「経済性最優先原則」と言うべきでしょう。

「老朽原発問題」では、原子力規制委員会は破壊現象が明確にされていないことを逆手に取って、原発の長期（四〇年以上）の稼働について何ら特別な規制を定めず、「通常の一〇年ごとの点検と同じでよい」としています。犠牲者が出るまで何らの特別な措置を採らないというのは、やはり人体実験を行っていることに通じるでしょう。未知の問題をはっきり未知として認め、それに対して安全性を確保するにはどのような規制が必要であるかを検討し、より厳しい安全基準を課す、それが原子力規制委員会の役割であるはずです。

挑発的に言えば、原子力規制委員会は正直に、電力会社と同じく「経済性最優先原則」を採用していると宣言してはいかがか、と言いたくなります。そうすれば、原子力規制委員会の立ち位置や責任や役割が明確になり、本当に社会的に必要な「規制」委員会であるかどうかの判断が鮮明になると思うのですが、皮肉がきつ過ぎるでしょうか。

原発事故の状況

原発の稼働の可否は、原子力規制委員会が定めた「新規制基準」に則り、それが満たされておれば「適合」だとして、稼働が「可」ということになります。問題は新規制基準が十分合理的なものであるかどうかなのですが、それを脇においても、「新規制基準への適合」という条件には問題があります。そのことを述べておきたいと思います。

一般に原発事故は、

①地震や津波などの天災が引き金になる、

②原子炉周辺の設備や装置の、設計上の、あるいは製作上の、あるいは取り付け上の不具合から起こる、

③運転操作員のミスや誤認（ヒューマンエラー）によって起こる、

のいずれかが原因となっています。実はこれら①から③は、前もって予期できることではなく、事故が発生して初めて明らかになる事故原因です。つまり「原発事故は予期せずに」起こるのですから、新規制基準が満たされているからといって、絶対的に事故は起こらず、安全であるとは言えないことは明らかでしょう。というのは、「規制基準への適合」

との判断は、定められた（予期できる）技術面の基準をクリアしたことを意味していますが、事故はそれとは関係しない予測できない事象によって引き起こされるからです。

特に、右記の③のヒューマンエラーの場合、失敗したことに気づくと人間は慌てるもので、かえって事故を拡大させて制御できなくなってしまうことになりかねません。原発には、一般に「フェイルセーフ」と呼ばれる安全対策が措置されており、失敗（フェイル、間違い）しても安全側（セーフ、矯正）に働くようになっていると言われています。しかし、その「間違いの矯正」は正常な判断で的確な手を打つという前提で設計されており、慌ててその手順とは異なった措置をしたため、いっそう間違いが大きくなってしまうということになりかねません。フェイルセーフは万全ではないのです。

原発が事故を起こした場合の「安全三原則」があります。それは、
①核反応を止める：そのために制御棒（緊急停止の場合は安全棒と呼ばれる）を炉心に緊急挿入し、核反応で発生する中性子を吸収して反応を停止させる、
②水で冷やし続ける：核反応が止まっても核反応生成物の崩壊熱で炉心が高温になるのを防ぐため、外部電力を使って冷却水を供給し続ける、
③閉じ込める：強い放射能を持つ核反応生成物を原子炉容器の外部に出さない、です。福島事故では①は成功しましたが、②は外部電源が途絶して冷却水が供給されず、

核反応生成物のために原子炉が高温になってメルトダウンし、③そのため格納容器まで破壊されて放射能が外部に飛散しました。つまり、原発は緊急停止しても危険な状況が持続するので、外部から電気を通して常にコントロールし続ける必要があるのです。核反応が停止しても、それで一件落着ではなく、その後の対処が重要なのです。サスペンス映画で、時限爆弾が爆発する間一髪の瞬間に、主人公が決死の活躍で配線を切断して破局を免れた、という場面をよく見ますね。原発はこれと同じではないのです。原発は緊急に核反応を止めたときから、制御の困難が始まりますから、主人公の一時的な英雄的行為が原発災害を救うなんてことはあり得ないのです。

「絶対的安全論」から「相対的安全論」へ

技術は、科学で得られた知識を基礎にして、人間の生活に役立てるため、人工物を開発・応用する手段です。とはいえ、その成果である人工物の動きが一〇〇％完全に把握でき、一〇〇％制御できるわけではありません。かならず技術の盲点があるためです。さらに、自然災害によって生じた環境の激変が人工物に未知の動き（暴走や突然の停止）を誘起したり、設計と実際の製作が異なっていたり（作業工程の間違い）、関与する人間がミスをして間違った操作をしたりすることもあります。このような理由のために、技術の産物である人工物が絶対安全だと言うことはできません。現代技術の粋とされる原発であっても、福島の事故で明らかになったように、絶対安全は神話に過ぎなかったのです。

従って、いかなる技術も絶対的安全を保証できないのだから、技術の行使については、必ずその可否（許容するか、拒否するか）が問われねばなりません。その際の判断においては、安全性の破綻（技術の失敗）によって生じ得る事故がもたらす被害について検討しておく必要があります。その被害とは、生活の破綻、生命の危険、健康の損傷、故郷の喪失、土地の放棄などであり、その空間的大きさと時間的長さ、深刻度と回復可能性、被害を受けた人間の数、生じる直接死と関連死、引き起こされる病気など、諸々の要素のことです。そして、技術の失敗による損失が回復不可能だと判断すれば、絶対的安全性を満たされないので、その技術は破棄されるべきと結論づけることになります。実際、福島事故を起こした直後は「反原発」の世論が強くなり、「原発ゼロ」が政府の政策に掲げられました。原発事故がもたらす困難の絶対的深刻さを見たためです。

しかし、それも束の間で、原発推進派の巻き返しが起こりました。いかなる技術も絶対的安全性を主張できないと知るようになって居直ったのです。原発事故の原因の危険性は克服可能である、あるいは（事故が生じても）回復可能だとして、原発を延命させようとする論が声高に語られるようになりました。その本音は、原発建設で投じた莫大な初期投資を回収したい、原発の経済的メリット（儲け）を捨てたくない、ということです。実際、一〇〇万キロワット級の原発の場合、一年で一〇〇〇億円以上の収入が見込まれますから、(2) 何十年も動かしたいというインセンティブが強いのです。そこで採用された論法が、危険性を相対化する「相対的安全論」なのです。

実は、従来から採用されてきたコスト・ベネフィット論は相対化の手法の一つなのです。ある事業を実施するためにかかる費用（コスト）と、その事業によって得られる利得（ベネフィット）とを比較して、利得が費用を上回ると判断した場合、その事業を実行する理由にするのです。確実に儲かるから、これをしないわけにはいかないというわけです。シンクタンクが行うテクノロジーアセスメントには、このコスト・ベネフィット論が援用され、「××円の経済的効果がある」と述べるのが常です。結果が金額で示されて見やすいためでしょう。しかし、当然ながらバイアスが入り込みます。事業を進めたいとの意図でこの調査を行うと、コストを過小に見積もり、ベネフィットを過大に計上しようという誘

---

(2) 一〇〇万キロワット級の原発が一年間稼働した場合、一キロワット時当たり一五円の売り上げとし、一年の八〇％動かすと三六五日×二四時間×〇・八は約七〇〇〇時間ですから、一〇〇万キロワット×七〇〇〇時間×一五円＝一〇五〇億円となります。

惑があるからです。損失を被る人々の精神的苦痛や孤立、不便さの増大など、計算できないコストは切り捨てられ考慮されません。一方、経済的利得を得る人間の数を過大に見積もり、利益の増加など甘く計算できるベネフィットばかりが積み上げられることになります。このように、コスト・ベネフィット論のような相対化の手法には恣意的な思惑が入り込むという重大な欠陥があることを忘れてはなりません。比較の対象はどうとでも選べるためです。

原発の「相対的安全論」は、危険性が指摘される原発を利用し続ける（存続させる）か、原発の利用を諦める（放棄する）か、を選択するための相対化の論法のことです。そのために、電力会社は原発利用のメリットを過大に強調し（地球環境にやさしい、ＣＯ２を出さない、安い、安定した電源であるなど）、原発事故によるデメリットを過小に（被ばく量が少ないので問題ない、放射性物質による病気は発症せず死者は出ていない、放射能汚染は風評に過ぎない、汚染処理水を海洋投棄しても安全であるなどと）言い繕っています。このように相対化の手法は、メリットとデメリットの比較の問題であるかのように見せかけ、原発事故がもたらす困難の絶対的深刻さを忘れさせてしまうのです。

原発問題で使われるメリット・デメリット論の最大の欠陥は、デメリットを被る人間（もっぱらコストを担う「受苦圏」に居住する人間）とメリットを得る人間（もっぱらベネフィットを享受する「受益圏」に居住する人間）が別であるということです。前者は原発が立地する僻地の少数派であり、後者は原発の電力を使う都会の多数派なのです。本来のメリット・デメリット論は同一の集団内での比較の場合に意味があるのですが、別個の集団に対する相対的な比較となると、何の意味もないのは明らかでしょう。このように、何らかの比較項目を立て、それを相対軸にして比較するという相対的安全論の問題点・限界・不十分さをはっきり認識しなければなりません。

司法や原子力規制委員会は、相対的安全性に論理を組み替えることで絶対的な深刻さに目をつむり、相対的利得を重視しようとしているかのようです。それをどのような表現しているか、拾ってみると、

①新規制基準に「適合した」と言うが、「安全である」とは言わない、
②技術的能力があると言わず、「技術的能力がないとする理由はない」と言う、
③相対的安全性とは、「危険性が社会通念上容認できる水準以下である」と言う、
④相対的安全性とは、「危険性が相当程度管理できると考えられる範囲である」と言う、
⑤相対的安全性とは、危険性と利益の比較校量を行って、「利益が危険性を上回ると判断できる範囲である」と言う、
⑥相対的安全性とは、「達成不可能な安全性を言うのではない」、

と、いかにも曖昧な表現であることがわかるでしょう。

このように、すべて相対的な発想となると、絶対的安全がないように、絶対的危険もないかのように思わせることになります。その結果、絶対的な困難（深刻さ、危険性）を軽視するようになり、危険性を評価する規制基準自体も必然的に甘くなってしまうのです。だから、相対的安全性に捉われている原子力規制委員会の審査が厳密であることを期待することはできません。裁判で、危険性を訴えた原告の訴訟却下が多いのも、裁判官も危険性を甘く見る相対的安全論の発想に染まっているためと思われます。

電力会社の隠蔽体質と技術者の職業倫理

日本には一〇の電力会社があり、沖縄電力を除く九つの電力会社（北海道・東北・東京・中部・北陸・関西・中国・四国・九州）はすべて原発を所有しています。それら電力会社は、電力の小売りの自由化がなされているとはいえ、依然として地域独占体で、それぞれの地域に君臨する城主のような存在であるのは変わりません。その上、長い間「総括原価方式」によって電力会社には必ず多大な利益が保証されていました。そこで潤沢な宣伝費を使ってマスコミを買収し、研究費や寄付金で専門家を抱き込み、関連企業に官僚を天下りさせ、企業向けの電気代を安価にして経済界を取り込み、多大な政治献金で政治家を篭絡し、という次第で原発を応援する官政業学メディアから成る「原子力複合体（通称原子力ムラ）」を形成してきました。そして利益共同体となった原子力ムラの力を背景にして、電力会社は社会に君臨してきたと言っても過言ではありません。従って、電力会社が原発事業者として適格であるかどうかについて、当然の疑義が生じているのです。実際、原発事故の隠蔽に絡んだ社会的スキャンダルを何回も引き起こしてきました。ここでは、電力会社の「隠蔽体質」と技術者の職業倫理の二点についてのみ述べておきましょう。

電力会社の「隠蔽体質」とは、失態・不正・虚偽・事故・改竄・手抜きなどを引き起こしていても秘匿し続け、ばれない間は知らん顔して、「知らぬ　存ぜぬ」を貫くことです。ところが、不正事実が（内部告発で）明るみに出るや、慌てて隠していた多くの事例を認め、一転して形ばかりの言い訳・謝罪・反省を述べるわけです。それだけでなく、さらに追及されると、より深刻な問題を隠蔽していたことを言わざるを得なくなり、社長が辞任する事態にまで発展したこともありました（二〇〇二年の東京電力原発トラブル隠し事件）。そして、調査委員会を社内に組織して事実を検証し、改善・再発防止・リスクマネジメント強化を謳って「安全文化を涵養する」と、社会に向かって約束するのです。ところが時間が経つうちに、その約束はことごとく破られ、反故にされ、また同様のスキャンダルを繰り返すという次第なのです。そもそも内部告発がなければ事実の露見がないまま、取り返しのつかない重大局面へと発展していった可能性があったのです。

このような根強い隠蔽体質が安全性を危険に曝すことにつながることを指摘しておかねばなりません。例えば、電力会社は原発へのテロ対策を講じていると言っていますが、その対策の中身はテロ集団に知られてはならないとして公開していません。だから、本当にテロ対策を講じているのかどうかはわからないのです。たとえ対策を講じていても、外部の人間の誰もチェックできませんから、手抜きしていてもわかりません。実際には不十分なテロ対策しかしておらず、実に脆弱な体制しか組まれていない可能性があります。「隠蔽は安全を阻害する」ことを忘れてはなりません。

そのような隠蔽体質について、私は電力会社の現場で働く技術者にも大きな責任があると思っています。というのは、かれらは日常的に職場で生じた事故の真相や現に行われている手抜きの実態についてよく知っているのに、上司の命令に従って隠蔽に加担するのが常であるためです。実は内部告発者の多くは、当の電力会社の技術者ではなく、関連会社とか外国の技術者がほとんどなのです。電力会社に所属する技術者たちは会社に実に忠実で、査察が入った時でも沈黙を貫いて隠蔽に加担するのです。かれらには、技術者としての魂とも言うべき「技術者倫理」を第一にするという姿勢が感じられません。むろん、その態度は社長以下上層部の、会社本位の姿勢を反映しているのですが、やはり「技術士」

としての矜持を持って欲しいと思います。

一般に、技術者の安全基準への態度は、「法的に義務付けられていないことには一切対応しない」のが常なのです。法的に義務付けられているのは最低基準ですから、さらに上乗せしてより高い安全を期すべきなのですが、その姿勢に欠けているからです。会社の経費ばかりを気にして、安全基準について最低限しか対処しないのです。技術者が持つべき本来の姿勢は、安全性を確保するために可能な限り完璧に対処し、それから違反していれば正直に徹底して矯正することであるのではないでしょうか。そのような技術者としての職業的倫理意識に欠けていると言わざるを得ないのです。

電力会社の原発事業者としての適格性を疑う問題点として、隠蔽体質と技術者倫理の二点のみを指摘したのですが、このような一見些細に見える事柄への誠実な対応こそ、適格性を判断する指標になるのではないでしょうか。いったん事故が起こった場合、情報の公開から適切な事故処理まで、電力会社は責任を持って対応しなければなりません。ところが、右に述べたような体質がある状況ではそれは期待できず、危険な原発を扱う事業者としての資格があると言えないのではないでしょうか。

東電の事業者としての問題点

東電は、そのホームページに「福島復興への責任を果たすために」と題し、「福島の復興なくして東京電力の改革、再生はありえない」との決意の下、事故の責任を全うすると共に、「福島の生活環境と産業の復興を全力で進めてまいります」と殊勝な言葉を掲げています。そして「損害賠償の迅速かつ適切な実施のための方策（三つの誓い）」として、

①最後の一人まで賠償貫徹、

②迅速かつきめ細やかな賠償の徹底、

③和解仲介案の尊重、

を謳っています。しかし、東電の現状は、賠償を徹底して値切る姿勢が顕著であり、紛争審査会における交渉の場では被害者への攻撃を厭わず、ＡＤＲ（裁判外紛争解決手続）の和解提案を拒否することが増えているのです。そのため、被害者はやむなく裁判に訴えて長く訴訟を続けるか、諦めて東電の回答に同意して泣き寝入りするかしかなくなっています。誠実に「事故の責任を全うする」姿勢が疑わしいのです。その背景には、東電は「責任と競争の両立」の意識の変化があるためと思われます。

「責任」とは、事故を引き起こした主体として福島の復興のために全力を尽くす責任とともに、水素爆発事故を起こした一から三号機の安全確保を行いつつ、完全に廃炉処分を

し終える責任、そして首都圏の顧客への電力の安定供給という責任、があります。これらの責任を全うするためには莫大な経費を捻出することが必要であり、国からの一〇兆円を超える借金をしている東電としては、可能な限り必要経費の切り下げを行いたいとの強い動機があることは確実でしょう。

それとともに、営利企業として「競争」、つまり「稼ぐ」という側面がどんどん大きくなっていることは明らかです。電力の自由化が進む中で総括原価方式が縮小されているため、これまでのように総経費の三から五%の儲けを上乗せして電気代を決められなくなり、自動的に大儲けできる状況ではなくなっているからです。そのため東電本体の経営の合理化を進めるとともに、子会社や関連会社の整理統合を進めねばなりません。また、東電が所有している送電線を活用し、それを利益を生み出す源泉とする原発優遇政策に固執しているのです。その一つとして送電線の独占的使用によって儲けを保証する「託送料金制度」が新たな総括原価方式として機能し始めています。九州電力や関西電力が、原発による発電・送電を優先して、太陽光発電による電力を廃棄するというような荒業を行っているのもその一環なのです。

そのような「責任」と「競争」の拮抗の中で、その両立と言いつつ東電はどんどん「競争」の側面を大きくしていると言えるでしょう。今や、東電は「福島事業と経済事業のブリッジ」と言うようになっています。この言葉には、「責任」を果たすための支出と「競争」によって得られる収入を結び付け（ブリッジ）、収支計算を強化する（収入を増やし支出を減らす）との意図が込められています。つまり「責任」を果たすための経費を補填することを口実として、「競争」の部分を拡大して収益を増やす方に、より大きな力を割こうとしているのです。この趨勢では営利の側面がどんどん大きくなることは確実で、本当に福島の復興に寄与し続けるでしょうか。

その兆候として、一貫して福島事故を小さく見せるように振る舞っていることが挙げられます。その典型例は、事故を起こした原子炉の廃炉を四〇年で終えるとの計画を、誰からもまったく現実的ではないと指摘されながら、一向に修正しようとしないことです。一から三号機に残されているデブリ（崩れ落ちた原子炉の残骸）は総計で八八〇トンにもなると見積もられています。それをロボット利用によって取り出しを行おうとしていますが成功とは言えません。現在までに取り出せているのは三グラムそこそこで、耳かきで擦り出している程度でしかないからです。こんなペースではとても四〇年という短期間でデブリを取り出すことができないのは明らかでしょう。一九七九年にメルトダウン事故を起こしたアメリカのスリーマイル島原発では、溶融した燃料を取り出しましたが建屋の放射能は強く、建屋はそのまま手つかずのままとなっています。一九八六年に爆発事故を起こしたチェルノブイリ原発ではデブリを取り出すことを諦め、石棺と呼ぶコンクリートの覆いで囲んでいます（新たな石棺が付け加えられました）。このような例を見ても、事故炉を廃炉にする作業は簡単に終わらないことは明らかなのですが、東電は四〇年でできるとしているのです。これは、福島事故はたいした事故ではないのだから、その廃炉措置もそんなに困難なわけではない、との印象を世間に思い込ませようとしているためと思われます。

もう一つ、東電と国と福島県と専門家が結託して、意識的に放射能は怖いものではないとの「放射能安全神話」を広めていることです。子どもたちに甲状腺がん患者が大量に出現しているにもかかわらず、「甲状腺がんは原発事故による放射能が原因とは考えられない」との福島県健康委員会の見解がその代表です。放射線の専門家が一〇〇ミリシーベルト以下なら健康には影響しないとする「放射能安全神話」を広め、福島県はそれに便乗して放射能は恐れる必要がないとの雰囲気を広めているのです。現在では、放射能のことを口にすると「風評被害を広めている」と非難される始末です。微量放射線の被ばくではすぐに発病せず、長い時間の後にがんや内臓疾患が発症することが多いのですが、発症したときには明白に放射能が原因だと決めがたいことから、「放射能安全神話」がはびこっているのが実情です。東電はこのように福島事故を軽く見せることに便乗して、事故の責任を軽く済ませようとしているのです。

さらに、新潟県の柏崎刈羽原発がいかにも安全であるということを人々に思い込ませるかのように、知事の合意を得ないまま核燃料を原子炉に装荷し、いつでも再稼働できるというパフォーマンスを行っています。それだけでなく、東電は予算書に柏崎刈羽原発が稼働しているとした収入を計上しており、再稼働は既存の路線であるとの圧力をかけているのです。他方で、東電は（日本原電とともに）むつ市の使用済み核燃料の中間貯蔵施設を利用する契約を結び、使用済み核燃料の移設を開始しました。柏崎刈羽原発に設置している使用済み核燃料の保管場所の使用率は八一％にもなっており、原発を動かすとすぐ満杯になる状態であったからです。むつ市のこの施設の正式名は「リサイクル燃料貯蔵施設」とあるように、いったん貯蔵した後、再処理してプルトニウムを取り出して燃料として活用する建前になっています。ところが、核燃料サイクルはほとんど実現する見込みはないのですが、東電はそんなことは知らぬげに中間貯蔵し、五〇年先までにはむつ市から移動すると約束しています。さて、それは可能なのでしょうか。

また東電は、日本原電の東海第二原発が稼働していないのに、そこから電力供給を受けるとして電気使用料を払い続けています。日本原電東海第二原発の再稼働には周辺自治体の同意が必要であり、また敦賀二号機の再稼働の見込みが立たないどころか、規制委員会から「稼働不適合」の審査結果が出されることが明確になった情勢です。それらの困難を抱えた日本原電の経営は先行き不透明な状況が続いているのですが、東電は日本原電の応援のために資金援助をし続けているかのようです。岸田内閣がＧＸ（グリーントランスフォーメーション）で原発の積極推進政策を打ち出したので、ますます東電は増長して「責任」を軽視して「競争」に打ち込んでいくのではないでしょうか。

原子力ムラの専門家たち

原子力分野は一九七〇年代から急速に拡大し、原子力ムラと呼ばれる政界・財界・官界・学界・マスコミと多方面の支持者や応援団を組織し、政治や社会に影響を及ぼす一大勢力になりました。私は科学者であるので、ここでは原子力ムラの面々のうち、原子力関連の専門家の倫理責任について述べておこうと思います。

原子力工学分野は戦後になって創設された若い学問分野であり、日本では一九六〇年前後に原子力工学科が東大・東工大・阪大・京大・名大などに新設されたのが出発点になりました。そこを巣立った研究者が全国の大学に赴任していくという形で広がっていったのですが、原発推進路線で人事を占有してきました。新規に発足した分野であるため歴史が浅く、仲間内の結束を意識的に強めてきたのです。むろん、学問ですから、専門の原子力技術について疑問を持ったり批判したりする後継者が出てくるものです（学問であれば当然なのです）が、そのような人間をこの分野から排除し続けてきました。そのため、批判的見解を持つ者がたまたま研究室に残れても正当に評価されず、出世できないという慣行が今もなお続いています。東大原子力工学一期生の安斎育郎氏が典型で、助手にはなれたのですがそれ以上のポストは得られず、学問的にも干されて思い通りの研究に打ち込めなかったそうです。また、京大の原子炉実験所では「六人衆」と呼ばれる、原子力問題を批判的に論じる研究者が六人おられたのですが、どなたも教授にはなれませんでした。

現在でも、原子力工学分野は原発推進派で固めており、例えば日本学術会議の原子力委員会から出される報告や提言は原発擁護の意見ばかりです。そのような研究者仲間のネットワークが張り巡らされており、かれらはマスコミ（テレビや新聞や雑誌）が報道する原発に関連する番組や記事を細かに点検・監視しています。そして、それに原子力批判の報道があれば一斉に反批判の投書を集中させるのです。私が経験したのは、私が講師を務めていたＮＨＫのテレビ番組で原子炉の安全性について批判をしたとき、仲間全体にアラートが行ったのか、全国あちこちの原子力工学者から攻撃されました。私はかれらを「原子力マフィア」だと（密かに）呼んでいるのですが、少しでも批判的な匂いを嗅ぎ取ったら攻撃を加えるのです。それに閉口して、以後原発批判を口にしないようにさせるためなのでしょう。この文章も攻撃のターゲットになるのでしょうか。

このような「原子力マフィア」のボスともなると、日本にある原子力関連の研究機関（日本原子力研究開発機構、原子力発電環境整備機構、量子科学技術研究開発機構、放射線医学研究所、電力中央研究所、原子力リスク研究センターなど）や関連組織（原子力エネルギー協会、原子力安全推進協会、日本原子力産業協会、日本電機工業会、電気事業連合会、日本原子力文化財団など）等、さまざまな天下り先があります。実際、原発関連諸機関を渡り歩く「原発渡り鳥」と呼ばれる人々が多くいて、「高級原発ジプシー」とも呼ばれています。「原発ジプシー」は、原発関連の下請け企業に雇用される季節労働者で、放射線被ばく線量が累積すると別の原発の現場へと渡り歩く（そこで累積被ばく線量はゼロにされる）人たちを指すのですが、「高級」が付くと研究機関や関連組織の代表者などの役職を務め、高給を取って数年で辞めて高額の退職金をせしめるという優雅なジプシーとなるのです。

原子力に関連する学会として、日本原子力学会（会員の七割は原発メーカーや電力会社の関係者）と土木学会（ゼネコンの原発工事で強い結びつき）が主ですが、電気学会、機械学会、地震学会なども原発関係者が多く入っています。これらの学会と電力会社との間には、仕事の請負、学生の就職先、教員の天下り・再就職先などを通じて深い結びつきがあり、互いに持ちつ持たれつの癒着関係になります。また、電力会社から「奨学寄附金」という名の研究費を大学の研究者に拠出し、時には「寄付講座」という形で数億円の寄付金と客員教授のポストを大学に提供し、息のかかった研究者を雇用しています。こうした資金を提供された研究者が審議会やら有識者会議やらにおいて原発推進のために働くというわけです。

放射能を巡る問題

放射能と人間の関係の歴史

原発には放射能がつきもので、放射線被ばくなしでは継続できない技術です。放射線に関連する学会には日本放射線影響学会、日本医学放射線学会、日本放射線技術学会などがあり、研究機関として先の放射線医学総合研究所や日本原子力開発研究機構に属するかつての原子力研究所があって、放射線の人体への影響や放射性同位元素の利用の研究などを行っています。これらの放射線に関連する分野の研究者は当然ながら放射線利用に積極的で、そのマイナス要素に目をつむる傾向があります。原発は一九七〇年頃から広がったのですが、放射能の研究はそれよりずっと長い歴史があり、大学には古くからの講座が多くあります。その研究者は、ＩＣＲＰ（国際放射線防護委員会）のような国際組織との強いつながりがあり、放射線の積極利用を推進してきました。

そもそも放射線は、一八九五年のレントゲンによるX線の発見が最初で、高エネルギーの電子から強い放射（X線）が出ていることを見つけたことから研究が始まりました。続いて、一八九六年にベクレルがウランから未知のエネルギーが放出されていることを発見し、ピエールとマリーのキュリー夫妻がトリウムからも同じような現象がみられることから、これらを放射能を持つ元素（あるいは放射性元素）と呼びました。その後、キュリー夫妻は、ピッチフレンド（ウラン鉱石）からポロニウムとラジウムの新元素を発見し、一九〇三年にベクレルとキュリー夫妻はノーベル物理学賞を共同受賞しました。ですから、放射能の研究が開始されたのは一〇〇年以上前の、二〇世紀初頭なのです。

X線はその強い透過力から人体内部の様子を撮影できることから、すぐに医療・医学の分野で利用され、またラジウムはがん治療や夜光塗料に使われるようになり、広く普及しました。放射能利用の有用性が高く評価されたのです。しかし、それとともにガンや貧血など放射線障害による被害が増えてきました。早くも一九一五年にはイギリスで放射線防護の勧告が出され、一九二五年には国際放射線医学会議が創立され、一九五〇年から国際放射線防護会議と改称されました。これがICRPの母体です。錚々たる研究者であったアンリ・ベクレル（没年五五歳）、イレーネ・キュリー（五八歳）、ジョリオ・キュリー（五八歳）、エンリコ・フェルミ（五三歳）などが早死にしたのは、おそらく実験中に放射能を浴びたためと思われます。マリー・キュリーは六七歳まで生きましたが、晩年はきつい放射性障害に悩まされたそうです。研究者は、研究のためなら素手で放射能を扱うような、危険を省みない傾向があったのです。

このように初期の段階から放射線の有用性と危険性について、どうバランスを取るかで試行錯誤が続けられてきました。人間の生活に役立つのだから制限無しに使いたいという欲望と、病気を引き起こす原因となるので制限すべきという、矛盾した要求をどう調和させるかが問題となったのです。一般には、有用性が知られると、その技術に欠点があっても使い続けたいとの欲求が強くなるものです。それが金儲けにつながるためもあります。しかし、野放図に使うと被害が頻発し、かえって利用されなくなるでしょう。そこで、放射線利用を推進するためには、その有用性の宣伝とともに、国際的な組織を作って、それなりに厳しい使用条件を付けて乱用しないよう協定を結ぶという方法が採用されてきました。それが先に紹介したＩＣＲＰで、専門家の立場から放射線防護に関わる勧告を行う民間の国際的学術団体です。

線量限度の概念変化

かつては放射線被ばく量への上限が「耐用線量（どこまで耐えられるか）」と呼ばれてい

たくらい、人体に害悪を与えても仕方がないとされていました。それ以上のメリットがあるのだからやむを得ない、というわけです。しかし、人体への害悪を小さくするに越したことはないとして、「可能な限り被ばく量を低く抑えるべき」だという考えが出されるようになりました。そのため「許容線量（ここまでは許される）」と呼ばれたこともあります。ところが、その量までは許されるとして乱用されるようになったので、「線量限度」と呼ぶように変更されました。被ばく線量に限度があることをはっきり示すようにしたのです。放射線かつて、物理学者の武谷三男が「がまん量」と言い方を提案したことがあります。放射線を治療に使うメリットを得るために、その被ばくを「がまん」するという意味です。重要な提起でしたが、放射線利用の利益を当然のように宣伝されているため、今では「がまん」のニュアンスが無くなってしまいました。

先に、ICRPのNLT仮設（それ以下では無害という上限（閾値）はなく、どんなに被ばく量が少なくも、それに比例した悪影響があるという仮説）について述べましたが、基本的な考え方としては正しいと思っています。またICRPは、自然放射能以外の一年間の積算被ばく量を一ミリシーベルト以下とし、それを線量限度としています。ただ、原発事故のような緊急の事態となれば線量限度を二〇ミリシーベルトに引き上げてよいことにしました。日本政府はこれに便乗して、福島では除染によって二〇ミリシーベルト以下になれば「避難指示解除地域」として居住可能としました。ＩＣＲＰの甘い基準を、福島事故を軽く見せようとするのに援用しているのです。ＩＣＲＰはこのことを知りながら抗議もせず放置しているのも問題です。

放射性物質の利用が時代とともに変化してきたことに応じて、ＩＣＲＰの放射線防護理念の表現が変化してきました。それを振り返ってみましょう。

①まず一九五四年に「可能な限り最低水準まで低く（as low as possible）」として、非常に厳しい基準を定めました。放射能がもたらす害悪に対して、技術的に可能な限りの防護措置を採ることを要請したのです。

②ところが早くも一九五八年には「実行可能な限り低く（as low as practicable）」と変わりました。「可能な限り」から「実行可能な限り」と変えたことは、理念的な目標から実際的な目標へ転換したことを意味します。言い換えれば、ＩＣＲＰは理想主義から現実主義になり、放射線の利用を推奨するために、本来あるべき放射線防護から実際に可能な範囲の防護でよいとしたのです。義務から努力目標への変更と言うべきでしょう。

③一九六五年になるともっと緩めて、「容易に達成できる限り低く（as low as readily achievable）」に変えました。「実行可能な限り」から「たやすく実行できる」範囲でよいというわけで、いっそう防護措置を甘くしたのです。ＩＣＲＰは、防護措置に金をかけたく

ない医療機関などの要求に屈したと言えるでしょう。
④折しも原発建設が急増するようになり、放射線防護に対して厳しさが欠ける懸念があることを心配したのでしょう、ＩＣＲＰは一九七七年に「合理的に達成できる限り低く(as low as reasonably achievable)」と改めました。これが現在まで生きている「ＡＬＡＲＡ原則」なのですが、この言葉には解釈次第という側面があります。reasonableは「まあまあ」とか「そこそこ」とか「手ごろ」とかの意味あるように、最善ではないけれど最悪でもないとのニュアンスがあります。「それなりに努力する」との意味が強いのです。しかも、努力の中身が技術的側面なのか、経済的側面なのか、よくわかりません。それを受け取る側の努力に任せてしまっているのです。

国際組織

放射線に関する国際組織として、ＩＣＲＰ以外にＩＡＥＡ（国際原子力機関）と呼ばれる、国際連合傘下の自治機関があります。冷戦時代に東西で核兵器開発と商業用原発の運転が競争的に進められつつあった状況を背景に、一九五七年にアメリカが主導して、原子力の平和的利用の促進と軍事利用への転用の防止を行うことを目的として設立されました。よく知られている活動は、

①原子力の軍事利用防止のための保障措置（国際協定などで取り決めた内容が正しく履行されていることを保障するための国際的監視や査察を行うこと）、

②原発の安全のための深層防護（内容は以下に述べる）の提案、でしょう。

①では、一九六八年に結ばれ七〇年に発効した核兵器不拡散条約（ＮＰＴ）に基づき、核兵器保有国（米英仏ロ中）以外の非核保有国に対して、核兵器の軍事利用を行っていないかどうかの査察（調査・視察）を受けることを義務づけています。これによって核不拡散体制の維持・強化に寄与し、世界の平和の安定に貢献したとして、国際原子力機関とモハメッド・エルバラダイ事務局長に、二〇〇五年のノーベル平和賞が授与されました。

②の「深層防護」とは、原発の安全確保のため、五層の事故レベルを設定して各レベルで採るべき防護措置を明示したものです。五層とは、第一層：異常の発生防止、第二層：異常の事故への拡大防止、第三層：事故の重大事故への拡大防止、第四層：重大事故を敷地内に止める、第五層：放射性物質の敷地外への放出への緊急対応となっており、原発の防護措置の基本的な原則となっています。

以上、放射能管理の国際組織であるＩＣＲＰとＩＡＥＡを紹介してきたのには理由があります。日本の放射線科学の研究者の多くが、これらの国際機関の影響を強く受けていて放射線の利用に熱心で、放射線被ばくがもたらす害悪を軽視する偏りがあることです。そのため、放射線被ばくによる被害を訴えるのを放射線の利用を全否定するかのように捉え、被害を無視する傾向があることに注意しなければなりません。ここではこれ以上論じませんが、例えば福島の事故炉からの汚染水（処理水）の海洋放棄について、ＩＡＥＡは安全性を保証しているのです。原子力ムラの放射線関係の専門家たちの言うことは眉に唾して聞く必要があることを強調しておきたいと思います。

原子力規制委員会の問題点

原子力規制委員会の「新基準」

二〇一一年三月一一日に福島事故が起こり、早くも二〇一三年六月に原子力規制委員会が設置され、七月に「新規制基準」（以下、「新基準」と述べることがある）の発表となりました。この「新基準」は「設置許可基準規則」と「技術基準規則」の二つの規則といくつかの告示・内規より成り、いわば原子力規制委員会の憲法と施行令に当たります。ここで指摘しておきたいことは、福島事故が起きてまだ二年少ししか経っておらず、事故の実態調査・原因究明・今後の対処の検討がまだ不十分であったにもかかわらず、早々に「新基準」が出されたことです。事故の教訓が反映されていないのです。

「新基準」を策定した人たちには、過去に原発の許認可に関わってきた専門家が多数参加しており、電力会社から資金供与を受けて利益相反にあたる研究者も複数いました。つまり、「新基準」は原発の稼働を推進する立場から早々に策定されたもので、世界の潮流に合わせたに過ぎません。また、歴代の規制委員会の委員長や委員の顔ぶれを見ればわかるように、その多くは原子力複合体（「原子力ムラ」）に所属しており、規制より推進にバイアスがかかった人たちから選出されています。さて、そのようにして組織された原子力規制委員会において、中立性や公正性や透明性が保たれると言えるでしょうか。また、「新基準」には原発の安全対策として一通りの基準を定めていますが、安全のための標準的レベルを課したものに過ぎません。以前の規制基準に比べれば非常に厳しくなったと言われていますが、それは以前の基準が「安全神話」に便乗して甘過ぎたためなのです。政府は「世界で最も厳しい基準」だと胸を張っていますが、決してそうではないのです。原発を早急に受け入れるために作り上げられた「新基準」であるからです。

さらに言えば、「新基準」そのもののレベルの問題があります。ヨーロッパでは、コアキャッチャー（炉心溶融物保持装置：メルトダウンが生じた際に溶融物を圧力容器で受け止め閉じ込めて外部に流出させない装置）や二重格納容器（事故が起きても放射性物質を外に出さないよう、原子炉と冷却系統を収める格納容器を二重にする）など、さらに厳しい基準へと検討が進められているのですが、「新基準」には一切考慮されておらず、原子力規制委員会もそれを取り入れる姿勢を全く示していません。改修に莫大な費用がかかることを知っていて、電力会社の財布を忖度しているのではないでしょうか。

原子力規制委員会の限界

さらに、原子力規制委員会は、

①原発の規制基準にバックフィット制（新たなより厳しい基準ができれば、以前の基準で製作された原発にも同じように当て嵌めるため、運転を停止して改造させる方式）を適用するとしたのですが、バックフィット制を適用する必要条件を明示していないので、これまで実行されていないこと、

②原発の運転期間は四〇年とし「例外的」に二〇年の延長は認めるとしたのですが、申請のあった老朽原発の二〇年延長の審査はすべて「適合」としてきたので、「例外規定は例外」となって「常習規定」となっていること、

③事務局である原子力規制庁にはノーリターンルール（経産省の職員が規制庁で働く場合、経産省に戻れないとするルール）のはずでした。経産省に戻れるなら、規制庁に居ても経産

省が喜ぶ原発推進のために働くのではと考えて、それを禁止することにしたのです。ところが、このルールは現実には破られているのですが、これに対して原子力規制委員会は何らの抵抗・抗議をしていないこと、等が指摘されています。原子力規制委員会の姿勢に疑問を持たざるを得ない状況なのです。事実、原子力規制委員会は「原発の存在を前提（当然）とし、その審査結果に責任を負わない委員会」となっており、そのことは時間が経つにつれ露わになっています。その一例が、委員長が「原発の安全は保証しない」と発言する一方、申請があった原発の「安全性の審査」を行い、「適合」として再稼働を許可していることです。つまり、事故が起こっても規制委員会の落ち度ではないと前もって弁明していると言えるでしょう。そのような無責任な委員会ですから、その適格性に重大な疑問を持たざるを得ないのです。

アメリカの同様な機関であるＮＲＣ（原子力規制委員会）も、産業界や政治からの圧力・誘惑・働きかけなどを受けやすい組織です。そのため、いかなる人間からの意見や圧力にも左右されず、自らの判断で決定を下す「独立性」と、規制活動に関する決定がどのような考慮の下で、どのように行われてきたかの情報を公開する「透明性」が特に求められてきました。実際には、ＮＲＣは産業界の要求を入れすぎるとか、政府の意向を天下り式に事業者に押し付けるとかと、さんざん非難されてきたのも事実です。政府や産業界と強い利害関係にある省庁には風当りが強いのが常であり、またそうでなければなりません。常に責任ある意思決定を行っているか、住民が厳しく監視しているからです。

日本の原子力規制委員会に対しても、行政機関からの「独立性（自立性）」と原発推進一辺倒ではない「中立性」がまず求められるのは当然です。しかしながら、原子力規制委員会（及び原子力規制庁）は、「原発は経済活動に必要」であり、「原発をスムースに稼働させること」を前提とする機関となっていると言わざるを得ません。その証拠に、委員の履歴を見れば原発を積極的に推進してきたメンバーが多数を占めており、これまで行われた「新基準」の下での適合審査や老朽原発の延長審査について、日本原発敦賀二号基以外、「適合」「運転許可」を与えてきたことからもわかります。電力会社は原子力規制委員会に申請した場合、いろいろ文句がついて時間がかかっても、最終的には望みの結果が得られると高をくくっているのは事実でしょう。その意味で、原子力規制委員会の適合審査に対する「中立性」を満たしているかどうかについては大いなる疑問があります。「原発は必要」だとして、審査は「稼動させるための審査」であって、「稼動させない決定も同じように下す審査ではない」ことは明らかであるからです。

原子力規制委員会の審査

ここで「稼働させるための審査」と言うのは、これまでの審査において以下のような不十分な点が目に付くためです。それらは、

①電力会社が商業機密であるとか、外国との約束があるとか、他社との競合上ノウハウの公開に問題があると主張すると、そのまま受け入れるため情報公開が不十分なままの審査であること、

②原子炉の挙動はシミュレーションに頼らざるを得ず、本来は電力会社が用いたプログラムコードとは異なった計算方式のコードでクロスチェックを行わねばならないのだが、それをしないで電力会社の結果をそのまま受け入れていること、

③パブリックコメントを公募しているが、実際にそれを採り入れたことがほとんどないため、形式的な儀式に過ぎず形骸化しており、公正で民主的な意見の募集（パブコメ）ではないこと、

④先に述べたバックフィットに基づいて原発の技術レベルを国際基準に合わせるべきなのだが、原発の点検（バックチェック）はさせるが、バックフィットを実行させた例がないこと、

⑤科学技術には「絶対的安全性」は保証できないことを盾にして、「相対的安全性」ば

かりを強調していること、

等が挙げられます。「相対的安全論」の意味については先に述べた通りです。

原子力規制委員会の「まだまし論」

しかし、以前の「規制の虜（規制する側（安全・保安院）が規制される側（電力会社）にコントロールされること）」と化した原子力安全・保安院の時代よりは、現在の原子力規制委員会は「まだまし」と言われています。「新基準」による審査になってから、審査にかかる時間が長くなっており、それを厳しい点検のためと見做されているためでしょう。ともかくも原子力規制委員会が、技術的側面に関しては厳しい態度を取ってきたことは事実で、いくつか理由が考えられます。

①新たに創設された原子力規制委員会が、「規制の虜」となる轍を踏まないため、技術的側面については規制庁の審査が以前より厳格になっているためかもしれません。これに対して電力会社は、時間がかかっても、いずれ合格を出してくれると期待できるので、「阿吽の呼吸」で対処していると思われます。

②原子力規制委員会は、福島事故の記憶がまだ新しいこともあって、原発への信頼を回復するため、技術面において厳しく審査していると思われます。つまり、再び重大事故を

起こせば原発は人々に完全に見限られてしまう恐れがあるため、原発推進派である原子力規制委員会としても、それなりに厳しい審査をしているのではないでしょうか。天災だと人々は仕方がないと諦めますが、人災だと断固拒否になりかねないので、特に人災の側面が強い技術対策に時間をかけていると考えられるのです。

③福島原発事故は地震または津波で（つまり外部事象によって）引き金が引かれ、防潮堤の高さ不足や非常電源の水密化の欠落など人災で（つまり内部原因によって）事故が拡大していったことになっています。原子力規制委員会は、そこで犯した失敗を学び、それを改善すれば、今後は対応可能だと思い込んでいる節があります。これは「失敗学」の手法で、原発技術そのものの本質に事故原因があったと考えず、技術の行使の面に厳しい目を向けているのです。

以上のように原子力規制委員会は技術的に厳しいとされてはいるのですが、実際にはそれは電力会社として技術的対処が容易な限られた側面でしかないことを忘れてはなりません。先に述べたような新たな安全対策（コアキャッチャーや二重格納容器）を課して、バックフィットを適用するようなことは行っていないからです。

そして、原子力規制委員会の審査を原発の技術のみに限ったことから、ＩＡＥＡの深層防護の第四層のシビアアクシデントが起こってからの対応、そして第五層の原発からの放射性物質の外部への放出への対応が、規制委員会の審査対象外となってしまいました。特に、第五層の放射能が外部へ放出される事故が起こった際、周辺住民の避難に対して「原子力災害対策指針」と称するガイドラインを提示しただけで、実効性ある避難計画の審査を原発の稼動許可条件に入れていないのです。原子力規制委員会の方針は、いわば「原発の技術的側面のみしか面倒をみないよ」と勝手に線を引き、原発事故による住民避難については自治体に丸投げなのです。米国で避難計画に関してNRCに対する住民訴訟が度々起こっていることを知っているため、それを避けるためなのかもしれません。

この点は米国のNRCとの決定的な違いで、米国では避難計画の審議は住民の参加が不可欠の条件となっています。例えば、NRCの公開の審査会（公聴会）の場に住民参加が必要とされているのですが、住民が集団で審査会をボイコットしたため、避難対策が審議できず、原発計画が遅れたことがあったそうです。

つまり、原子力規制委員会は、「原発ありき」が大前提で、原発稼動を技術で対応できるリスク管理（リスクの低減や適切な対応措置）のみに絞った審査を行うことを任務と自己規定していると言わざるを得ません。特に老朽原発に対して、長期間使用した原子炉の特殊性・危険性を考慮せず、通常炉と同じ審査基準としているのです。これらの問題点を列挙すると、果たして原子力規制委員会は、その任務に値する適格性を満たしていると言えるかどうか疑問です。原発推進のためのみでなく、将来の原発の廃止をも視野に入れた規制でなければならないと思います。そのような観点を欠いている現状は不適格と言わねばなりません。

メディアの問題

「原発の安全神話」がまかり通っていた時代、各種のメディアは原発擁護・推進一辺倒でした。原発は不可欠のものとし、原発批判派の言うことには耳を貸さず、安全神話を疑うことなく信じ込み、読者・聴視者にひたすら原発礼賛宣伝を垂れ流していたのです。その理由は、電力会社から提供される宣伝費・広告料収入が潤沢にあったためです。さらに、電力会社以外に電気事業連合会（電事連）、日本原子力産業協会、日本原子力技術協会、日本原子力文化財団、原子力安全推進協会、原子力エネルギー協議会、日本電機工業会など、電力・原子力・電機に関連する企業（広く電力業界）が集まって任意団体や法人（一般社団法人、一般財団法人）を作って、さまざまなルートからメディアに資金提供して宣伝をさせてきたこともあります。こうしてメディアが原子力ムラの重要な一員となり、これらスポンサーの意向を尊重（忖度）して、原発礼賛の大政翼賛に積極的に加担したのです。

欺瞞的であったのが、朝日新聞が採用した「イエス・バット」方針でしょう。一応リベラルとの評判がある朝日新聞は、どこもが原発賛成になっている状況のなかで、少しは批判的な姿勢を示しておこうと考えたのでしょう、「イエス」＝原発推進を肯定する、「バット」＝しかし注文は付ける、ことを社の路線としたわけです。しかし、いったん「イエス」と言ってしまうと後戻りができません。政府が原発の拡大路線を打ち出すと、まずそれを肯定して「イエス」と言った後、続いて「バット」で慎重な進め方をすべきと注文を付けても、もはや相手にされません。結局、政府の路線に加担し・推進していくことになったわけです。つまり「バット」は自分に対する言い訳に過ぎなかったわけです。その挙げ句、原発を取材してすっかり推進派になり、「バット」の一言も述べない提灯持ちの記事を連載した記者もいました。

福島事故が起こってようやく目が覚めたのでしょう、「原子力ムラ」の一員として原発礼賛の報道を乱発してきた多くのメディアも反省したようで、原発を批判的に見るようになりました。電力業界が自粛して原発の宣伝費を使わなくなったこともあるのかもしれません。しかし、あれほどひどい事故が起こったにもかかわらず、基本的には国は原発利用を諦めていないことは明らかで、これを厳しく批判する報道は少なかったと思います。例えば、安倍首相がオリンピックの誘致のために、二〇一三年に「福島事故はアンダーコントロールである」と見えを切ったのは、これくらいの事故では原発推進の意志は怯まないとの意思を示すためでありました。ところが、オリンピックが絡んでいたためでしょうか、メディアは首相の発言を強く批判できませんでした。

他方、「原子力ムラ」の面々（政治家・官僚・財界・学界）は虎視眈々と巻き返しを狙っていました。経産省はエネルギー基本計画において、エネルギー源としての原発の二二％程度の寄与をずっと主張してきました。折から進んでいた電力の自由化も電力会社が有利になるような施策を打ち出して、原発の復権の地ならしをしてきたのです。

ロシアのウクライナ侵攻がきっかけとなって、ロシアからの天然ガスの輸出が減るとの見込みから、資源の少ない日本でエネルギー源の高騰と安定供給について不安が語られるようになりました。それに対し、原発で使うウランは安定した政情国から輸入しており、既にかなりの量を確保しているので燃料源の心配はないとの理由から、ロシアが天然ガスの輸出制限をしても、原発は安定したエネルギーとの宣伝が成されるようになったのです。太陽光や風力やバイオなどの再生可能エネルギーは緊急の用に役立たず、また安定的なエネルギー源ではないとの宣伝とセットです。

他方では、地球温暖化の元凶はＣＯ２などの温室効果ガスだとして、ＣＯ２削減目標が京都議定書やパリ議定書で掲げられるようになりました。今や国際連合が提唱したSDGsが合言葉になって、地球環境を守ることが人類の喫緊の課題だと言われています。打ち出されたのが「カーボンニュートラル」というキャッチフレーズで、排出量と吸収量を均衡させて、CO2の増加を実質ゼロに抑えるという目標です。そのために、運転中はCO2を出さない原発こそ理想のエネルギー源だという宣伝を大々的に行うようになりました。「原発はクリーンエネルギーでCO2を出さず環境にやさしい」というわけで、環境保全=原発復権であるとの意識が人々に刷り込まれるようになったのです。このような原発推進派の巻き返しの戦略が成功して、二〇二三年五月に岸田内閣は原発の積極的推進政策であるGX（グリーントランスフォーメーション）推進法を成立させました。(3) 二〇二二年六月一七日の「福島原発事故に国の責任はない」との最高裁判決も、GX法を推進するのに強い援護射撃となりました（これについては第3話でお話しします）。

今や、メディアの多くもSDGsやGXに影響されて、原発の復権に靡《なび》く傾向が出てき

(3) 二〇二四年一二月に出された「エネルギー基本計画」では、「原発依存度を可能な限り低減する」との表現を削除し、さらに生成AIやデータセンター増設による電力需要の増加が見込まれることを口実に、原発の建て替え、次世代革新炉の開発・設置を新たに盛り込みました。

ています。さて、このような社会環境の中で原発が大手を振って広がっていくのは正しいことなのでしょうか。

第3話
日本最初の稼働差し止め訴訟
伊方原発訴訟とその後

二〇二四年二月一〇日　写真展「ウクライナとフクシマ 未来への道」（愛媛県八幡浜市）

伊方最高裁判決を巡って

四国電力が建設し稼働させている伊方原発は、一九七三年に日本最初の「稼働差し止め訴訟」が提起され、一九九二年に下された最高裁判決は歴史に残るものでした。そして、その後引き続いて提起された何度もの伊方原発を巡る訴訟は、住民の原発への根強い不信があってのことで、新たな問題点を次々と提起し、原発の安全性についていろいろな側面から疑問を投げかける裁判を続けてきました。何度敗訴を重ねても粘り強く戦い続ける強い意志を感じたものです。今新たな視点で伊方最高裁判決の意味を問い返すことは、現在の原発訴訟の実態を見る上で非常に大事であると思われるので、お話ししておこうと考えました。

というのは、二〇一一年三月の福島第一原子力発電所の過酷事故（原子炉のメルトダウン）による周辺への放射能汚染が起こってから、伊方原発の一九九二年最高裁判決が述べていたことが見直され、司法の判例に一部の変化が見られるようになったのです。その理由は、伊方最高裁判決が原発の安全性審査において、国の機関（当時は原子力委員会）の結論に不合理な点があれば設置許可は取り消すことができるとあったためです。そのこともあって、それまでの原発訴訟は国の審査は合理的で十分だとして、原告（住民）側の負け続けであったのが、福島事故後には国の機関の判断の不十分さが衝かれ、被告（国・電力会社）側が敗訴する判決が下級審（地裁や高裁）で出されるようになり、国策追認の司法が少し変わり始めたと思われる状況が生まれました。

ところが、福島事故後一一年が過ぎた二〇二二年六月の福島原発事故への国の責任を争う裁判において、最高裁は科学的知見を無視した不当かつ不正義とも言い得る、国の責任を免罪する判決を出しました。その結果、下級審もそれに追随して、再び以前のような国の責任を問わない判決が横並びで出されるようになったのです。裁判官は、その良心のみに従って独立した判断をするはずなのですが、以前のように国や上級審の顔色を見ながら判決を出す裁判官に戻ったと言わざるを得ません。

そこで今回の話は、かつての伊方最高裁判決を見直した上で、続いていくつも提起されてきた伊方原発訴訟の意味を押さえ、そして現在の司法（裁判所）の判断の不当性を共有して、今後の原発を巡る戦いの一助にしたいと思います。

伊方原発の概観

伊方原発は、佐多岬半島の付け根付近の、瀬戸内海に面した北側斜面に建設されました。原発の冷却水を供給し、温排水が流し込まれるのが伊予灘で瀬戸内海に通じています。日本の他の原発は東シナ海（川内・玄海）、日本海（島根・高浜・美浜・大飯・敦賀・志賀・柏崎刈羽、泊）、太平洋（浜岡・東海第二・女川・東通・大間）、とすべて外海に面していますが、伊方原発は内海に面している唯一の原発です。地図からわかるように、佐多岬半島は伊予灘に細長く伸びていて、そこを通る道路は一本しかありません。能登半島地震で道路が寸断されて避難が容易にできなかったことを思い出せば、佐多岬半島の付け根で原発事故が起こると、半島に住む人々の逃げ場がないことは明らかです。空や海からの救助は限られ、悪天候のときには絶望的です。なぜ、こんな悪条件の場所に原発を建設したのかと問うと、電力会社は「原発は事故を起こさないから」と答えたことでしょう。「原発の安全神話」が生み出した産物なのです。むろん、言うまでもなく、過疎地だから原発事故が起こっても被害を受ける人々が少ない、との損得計算があったのは確かです。

伊方原発はこれまで三基建設されましたが、現状は以下のようになっています。いずれも三菱重工製のＰＷＲ（加圧水型）で、核反応による一次冷却水の加熱→圧力をかけて高温の水のままとし→二次冷却水と熱交換器越しで接触→二次冷却水が高温高圧の水蒸気となる→その水蒸気の圧力によって電気タービンを回す→電力の発生

という発電方式です。福島で事故を起こしたのはＢＷＲ（沸騰水型、福島一、二、六号機はＧＥ（ジェネラル・エレクトリックス）製、三、五号機東芝製、四号機日立製）で、

核反応による一次冷却水の加熱→高温高圧の水蒸気→その水蒸気の圧力で直接電気タービンを回す→電気の発生

です。ＰＷＲ（加圧水型）では一次冷却水と二次冷却水との間で蒸気細管（熱交換器）を通しての熱のやり取りがあって、原発の構造が複雑になっています。その理由は、ＢＷＲでは核反応物質を含む（一次）冷却水の水蒸気で電気タービンを直接回すので、核反応物による放射能汚染が発電部分にまで広がることになりますが、ＰＷＲではそれが避けられるのです。しかし、熱交換をする蒸気細管が破断して事故を起こしたこともあったように、

	運転開始	発電力	運転終了	廃炉措置
1号機	1977年 9月	56・6万kw	2016年5月	2017年 6月
2号機	1982年 3月	56・6万kw	2018年5月	2020年10月
3号機	1994年12月	87万kw	再稼働2022年1月	

機械を複雑にすると余分の事故が引き起こされるという問題が発生します。しかし、世界ではＰＷＲの方がより安定して稼働しているとの実績があるようです。

四国電力が一号機と二号機を廃炉とする決断を下したのは、福島事故の後に定められた「新規制基準」を満たすための改修工事に大きな予算と時間が必要であり、五六・六万キロワットという比較的小さい発電力では採算が合わないと判断したためでしょう。原発は放射能を内部に大量に抱え込むため、何重もの安全対策を施さざるを得ないのですが、原発の発電力の大小に関わりなくほぼ同程度の安全対策が必要であり、建設後年限も経っている小さい発電力の原発では投資効率が悪いのです。現在、次世代小型原子炉（小型モジュール炉、ＳＭＲ）が大事故を起こさない安全な原発の切り札のように言われていますが、私はそれはおそらく不可能だろうと考えています。放射能を閉じ込め、事故が起こっても拡大しないための安全対策を施すと結局費用がかかることになり、投資効率を上げるためには大型化することが必然であるからです。

伊方原発の最初の訴訟

四国電力が原子力委員会（当時）から伊方原発一号機の原子炉設置許可を得たのは一九七二年一一月ですが、早くも一九七三年八月に、地元の住民が中心になって「設置許可取り消し」の行政訴訟（一号機訴訟）を起こしました。一般住民である原告の適格性が認められた、日本で最初の原発訴訟で、以後日本各地で同様の原発訴訟が提起されるきっかけとなりました。

原告住民側の主張は、冒頭において、原発設置規制の法律（「原子力基本法」、「核原料物質、核燃料物質及び原子炉の規制に関する法律」（以下「規制法」と呼ぶ））に（1）周辺住民の設置手続きへの参加、（2）申請書や審査資料すべての公開、（3）設置（安全）基準の明確な根拠、が書かれていないことは、憲法三一条の「何人も、法律の定める手続によらなければ、その生命若しくは自由を奪はれ、又はその他の刑罰を科せられない」に違反する、というものでした。原発設置許可の審査に、住民参加規定や資料の公開などが明示されていないのは憲法違反だというわけです。

また、原発設置許可処分が法律によるものではなく、原子炉施設の安全性に関する基準を定めただけの安全審査に依拠していることは、憲法四一条の「国会は、国権の最高機関であって、国の唯一の立法機関である」、および憲法七三条の一号「法律を誠実に執行し、国務を総理すること」に違反するとも主張しています。いかにも大上段にかぶって、原発設置許可を与えたのは違憲であると訴えているのは、日本で最初の原発裁判を提起しているとの意気軒高な気分が溢れているためと言えるでしょう。さらに、行政事件訴訟法第三〇条では、「行政庁の裁量権を越え、またはその乱用があった場合、裁判所は取り消すことができる」と書かれているのですが、原発の安全性に関する行政庁（内閣総理大臣）の判断の適否を裁判所はどのように審理するのか、という問題も投げかけました。行政庁の設置許可を与える上での手続きを明確にさせ、それが不十分であった場合、与えた設置許可はどうなるかを裁判所に問いただした、ということになります。

当時、「京大六人衆」（京大熊取原子炉実験所の、原発に関して批判的であった六人の研究者）の一人として伊方原発訴訟に関わった川野眞治氏が、二〇一五年二月二七日に開催されたゼミで使ったパワーポイントに依れば、原告住民側の主張は、

1. 潜在的危険性が大きく、重大（過酷）事故は人々の健康と環境に重大な被害をもたらす、
2. 被ばく労働が不可欠で、労働そのものの中に差別的な構造が内包されている、
3. 平常時でも一定の放射能を放出し環境汚染と健康被害の可能性がある、
4. 放射性廃棄物の処分の見通しが立っていない、

5．核燃料サイクルの要となるプルトニウムの毒性と核拡散をもたらす危険性がある、
6．原子力の推進のため情報統制が進み、表現の自由が失われる、

とまとめられています。川野氏が「半世紀近く経った今日まで未解決の原子力をめぐる本質的な問題であります」とコメントされているように、現在もなお未解決の問題を五〇年近く前に提起していたのです。

一般に、裁判官は文系の人が多く、原発の安全性のような科学・技術に関わる事柄について理解が困難であるため、裁判は時間が長くかかります。実際、伊方訴訟をマスコミが「科学法廷」と呼んだように、原告側も被告側も何人もの専門家を証人に立てて、わかりやすく解説しながら法廷論争が繰り広げられ、原子炉の現場視察なども行われました。この間、裁判官が二度も交代し、最後に判決を書いたのは現場を見たことがない裁判官であったそうです。

この「一号機訴訟」の第一審は一九七八年四月に結審し、「原発建設の決定権は国に属する」との、原告の請求棄却の判決でした。この理由なら「科学法廷」の必要はなかったのです。原告は直ちに高松高裁に上告し、今度は高裁を舞台にして科学論争が繰り広げられました。裁判中の一九七九年三月に、アメリカのスリーマイル島（ＴＭＩ）原発二号炉のメルトダウン事故が起こり、原発の安全性に大いなる疑問が持たれ、いっそう熱がこ

もった論争となりました。ＴＭＩ事故は原子炉の冷却水喪失が引き金となり、ヒューマンエラーが絡んで原子炉が空焚き状態になってメルトダウンしたのです。幸い放出された放射能は希ガスが主であり、核反応生成物は外部には漏れなかったので大事には至りませんでした。そのためもあってか、このＴＭＩ事故は伊方訴訟にあまり影響を与えなかったのですが、そのわけは「ヒューマンエラーは日本では起こらない」という、安全神話そのものだったそうです。

一九八四年一二月の高松高裁の判決も控訴棄却の原告敗訴で、「安全審査は合理的である」というものでした。直ちに原告は最高裁に上告したのですが、一九九二年一〇月に上告棄却で最終的に原告敗訴が確定しました。最高裁判決の詳細は次にまとめますが、端的に言えば「内閣総理大臣が下した設置許可は、原子力委員会の専門的な知見に基づく意見を尊重して下したものであり、合理的な判断である」というものです。この表現は、以後度々使われる常套句となりました。深読みすると、問題が生じたときの責任は専門的な立場から判断を下した原子力委員会にあると言っているのにも等しく、裁判官は自らが下した判決の最終責任は負わないというわけです。

伊方原発最高裁判決の詳細

伊方原発の最高裁判決には重要な論点が含まれ、それ以後のいくつもの行政訴訟の判決に大きな影響を与えたので、判決内容をもう少し詳細に論じておこうと思います。

①判決の最初に、行政手続きには、刑事手続きとはその性質ごとに差異があり、また行政目的に応じて多種多様だから、一定の定まった手続きに従う必要はなく、原告側が訴えた憲法違反論を退けています。一般に裁判所は違憲判断を下すことには極めて慎重である上に、憲法は極めて抽象的にしか書かれていませんから、違憲判断が出されることは原告側も期待していなかったのではないかと思います。

②続いて、判決では、「『規制法』には原子炉設置許可の基準としてさまざまなことが規定されているが、これは、原子炉施設の安全性に関する審査が多方面にわたる極めて高度な最新の科学的・専門技術的知見に基づいた判断が必要であるため」、ということをはっきりと認めていることは重要です。安全性の審査には慎重に対応し、科学的な判断の必要性があることを強調しているからです。しかし、「科学技術の進歩は速いから安全性の基準を法律で定めるのは困難である」としています。これは正しくなく、「いつの時代でも安全性に関わる審査基準を法律できちんと定め、それが科学の進展で時代遅れになれば

バックフィット（過去に遡って）改訂していけばいい」と述べるべきでした。

③原子炉設置には内閣総理大臣の許可を得なければならず、予め原子力委員会（及び原子炉安全専門審査会）が置かれ、科学的専門技術的見地から十分な審査を行って総合的判断を行っており、内閣総理大臣は原子力委員会の科学的・専門技術的知見に基づく意見を尊重して合理的な判断を下している、と述べています。要するに、「専門家である原子力委員会が厳しい基準を定め審査したのだから、内閣総理大臣の設置許可には問題がない」、と述べているのです。この点が、後の原発差し止め訴訟において原告敗訴とする理由とされました。ただここで、「原子炉は核燃料物質を燃料とし、その稼動によって多量の放射性物質を発生させるのだから、原子炉の安全性が確保されないと住民の生命への重大な危害や環境汚染など深刻な災害を引き起こす恐れがあるから、当該行政庁の設置許可の段階で十分な審査を行っているのである」、と最初の原発裁判であるだけに危険性について言及していることは注目に値します。

④従って、原子炉設置許可取り消し訴訟は、右の③の手続きに従って行われた判断に不合理な点があるかないかという観点から行われるべきであるとしています。そして、「現在の科学技術の水準に照らして具体的審査基準に不合理な点があり、さらに原子力委員会等の審議・判断に看過し難い過誤・欠落があった場合には、行政庁が下した設置許可の判

断に不合理な点があるとして取り消すことができる」、としています。その意味では、裁判所としては謙虚な態度であるのは事実ですが、問題は不合理な点がどのように洗い出せるか、という点にあります。

⑤そこで裁判所としては、「過誤・欠落など不合理な点があるとの主張・立証責任は、本来原告側が負うべきものである」、とまず釘を刺しています。この文言が後の裁判で、原告側の大きな足かせになりました。例えば、地震に対する備えの不十分さを原告側が指摘しても、実際に具体的にどのような危険があるか（いつ、どこで、どのような規模の地震が起こるか）を原告側が立証しなければならないとし、それができないと争点から外してしまうのです。もっとも、安全審査に関わる資料は所轄行政庁がすべて保持していることから、「行政庁自身が自らの判断に不合理な点がないことを主張・立証する必要があり、これが尽くされない場合は不合理な点があると推認される」、と付け加えています。このことから、資料の公開が行われるようになったようですが、結論のみを書いた資料など形ばかりの公開でしかありません。そもそも国が自らの不合理な点を認めることはないからです。

⑥さらに、判決では重大なことを付け加えています。「原子炉設置の許可の段階の安全審査においては、原子炉施設の安全性に関わるすべての事項を対象とせず、基本設計の安

全性のみを対象とする」、としていることです。そのため、「固体廃棄物の最終処分方法、使用済み燃料の再処理及び輸送の方法、温排水熱による影響等については、原子炉設置許可の段階の安全審査の対象にならない」、としているのです。住民側が裁判において明らかにしたいと思った多くの問題点は、扱わないというわけです。その結果として、原発訴訟は個々の原子炉の安全性問題に局限され、核燃サイクル問題、再処理問題、使用済み核燃料の処分問題、汚染水（処理水）問題などの重要問題について、裁判で議論する機会が局限されてしまったと言わざるを得ません。

⑦「スリーマイル島原発二号炉の事故とその原因についての原告側の意見は、本件の原子炉施設の安全審査の合理性には影響を及ぼさないので、その論旨は採用しない」、と言い切っています。このように、裁判所が他の事故から学ぼうとする姿勢に欠けていることが、三・一一の福島事故を招いた遠因でもあることを、私たちはしっかり押さえておかねばなりません。

最高裁の判決は、世上で「最高裁文学」と言われるように、途切れない長い文章を多用してだらだらと続け、言うべきことを明確に言わず、あれこれ持ち回っているので、よくよく落ち着いて読まねばその意味がなかなかわかりません。ここで書いた大意は私がなんとか読み取った内容ですが、ほぼ定説となっている判決だと言えると思います。

伊方原発「一号機訴訟」の意義と影響

伊方原発訴訟の最高裁判決は以上の通りですが、この判決は後の原発裁判に大きな影響を与えました。憲法第七六条の第三項に「すべての裁判官は、その良心に従ひ独立してその職権を行ひ、この憲法及び法律にのみ拘束される」とあるのですが、実際には最上級の最高裁判所が下した判例に下級審（高裁や地裁・家裁）は従うのが通例のようになっていて、各裁判官の個性（良心、独自な判断）が感じられません。裁判の世界も、上位のものの言うことに従っていれば問題は起こらないとの安易な姿勢が横溢していることがあるのでしょう。むろん、独自の判断で意気込んで判決を書いても、どうせ上級審で覆ってしまうのだから意味がない、と考える裁判官もいるのかもしれません。

先にも書きましたが、伊方訴訟の最高裁判決が後の原発裁判の指針となり、長く裁判内容に影響を与えてきたことをここにまとめておきましょう。

①まず、右記②にあるように、原発の安全性は日進月歩の科学技術に依存しているのだから、安全性の基準・審査は最新の科学技術によって得られた知見に基づかなければならないと意識されるようになったことです。そのためには、原告・被告の間で科学論争になった場合に、裁判官は、少なくとも中身をフォローできるよう勉強しなければなりませ

ん。しかし、必ずしもそうとはなっていないようです。

②前節の⑤で述べているように、裁判においては、一般に当該行政庁は申請書や審査書などの資料を独占していて不公平だから、原告側にも公開するよう裁判所が強調するようになりました。ともすれば、国の機関は情報を公開することに不熱心で、自分たちが独占して持つ資料を公開しようとしません。これに対し、最高裁判決で資料を公開するよう言ったのは非常に重要なことです。

③その上で、判決では、「原子力委員会（現在では原子力規制委員会が該当する）において最新の科学技術の情報に則って審査しているのだから、その不合理性や過誤がない限りはその決定には従うべきである」と言っています。そのため、それ以後の裁判では、「専門家である原子力委員会が下した結論に従って（お墨付きを得て）、国（行政庁）は設置許可の決定をしたのだから、これをアレコレ言うことはない」として、多くの裁判において原告側の主張を却下するのが通例となったのです。

④もし、原子力委員会の決定に不合理な点があるとして「異議を申し立てる場合は、その異議内容を具体的に立証する義務が原告側にあり、単に「疑義がある」、「問題がある」、「可能性がある」という理由だけでは行政庁の決定が不合理とは言えない」、としています。原告側がそれを立証して始めて、行政庁として不合理ではないことを示さなければならな

いわけですが、通常は立証責任が満たされていないとして、裁判として取りあげないようになってしまいました。

⑤そのため、裁判を起こす場合には、原告側は原子力委員会が検討していない問題に絞って論争を挑むようになりました。新たな問題では立証責任を果たすことが比較的簡単であるためです。近年になって、原発立地場所の液状化、検討していない活断層の存在、近傍の火山爆発、航空機の墜落、近隣住民の人格権、避難の困難性・不可能性、地震動決定のモデルの有効性、などを問題にした原発裁判が行われるようになったのはそのためです。

以上の最高裁判決で、伊方原発一号機の設置許可取り消し訴訟は最終的に原告側の敗訴になりました。一九七三年八月の提訴から一審で四年八カ月、続く二審で六年八カ月、そして最高裁において七年一一カ月かかり、最終的に一九九二年一〇月の判決まで、通算一九年二カ月という長い時間がかかっています。日本で最初の原発裁判であっただけに、国も原告も総力戦となったわけです。結果は原告敗訴になったのですが、最高裁判決としてそれなりに裁判所が原発に対して真剣に応答したということを評価すべきでしょう。それとともに、下級審の裁判官が自分たちにとって都合のいいところのみをつまみ食いして、安易な判決が下すようになったことも忘れないでおきたいと思います。

並行して戦われた「二号機訴訟」

一九七八年四月に、伊方原発一号機稼働差し止め請求の第一審判決が出されて直ちに高裁へ控訴したのですが、その直後の六月に「二号機の増設許可取り消し訴訟」が住民から松山地裁に提起されました。伊方原発「二号機訴訟」です。訴え内容の本質的な部分は一号機訴訟とほぼ同じなのですが、原子力委員会が検討していない新たな安全上の問題点を提起しています。それは、伊方原発のすぐ傍を中央構造線断層帯が走っており、沖合には活断層があって、最大マグニチュード七・六の地震が引き起こされる可能性があることで、高知大学の研究者から指摘があったのです。これに対する国の安全審査が不十分であることを原告住民が訴訟の重要論点として掲げました。さらに一九八八年には、原発から一キロメートルしか離れていない山中に米軍のヘリコプターが墜落した事件があり、航空機事故の危険性が安全審査で考慮されていないことも追加しました。原子力委員会が検討していない新しい争点を持ち出して、国に厳しく迫ったわけです。

この訴訟は、一号機訴訟が一九九二年一〇月の最高裁判決で終了した後まで続き、結審したのは二〇〇〇年一二月のことでした。二二年八カ月も続いたのは、一九九五年に阪神・淡路大震災が起こって耐震設計に関する安全審査の適否が争われたためと、原告側が弁護士を代理人としておかず「本人訴訟」として六九回も原告住民自身が口頭弁論を行ったためでもあります。判決では、高知大学の研究者が示した活断層については、「現在では安全性の判断は結果的に誤りであったことは否定できない」と国の審査の不十分さ（中央構造線の危険性の検討を行わなかったこと）を認めました。しかし、「兵庫県南部地震を踏まえ、同海域の断層を考慮した解析でも、原子炉には安全性があることが認められる」として、「設置許可そのものに違法性はなく、航空機の直撃の可能性もない」と結論付けました。航空機の墜落の危険性について「安全審査に見過ごせない誤りや欠落があるとは言えない」と付け加えて訴えを退け、原告敗訴としたのです。

裁判所が採用した以上の論理は少々強引であることを松永多門裁判長自身が意識したのか、判決言い渡しの後に、異例にも以下のような発言を付け加えていることは注目に値します。彼は、まず「原子炉事故等による深刻な災害が引き起こされる確率がいかに小さいと言えども、重大かつ致命的な人為ミスが重なるなどして、ひとたび災害が起こった場合、直接的かつ重大な被害を受けるのは原告らをはじめとする原子炉施設の周辺の住民である」と、訴えを提起した住民の止むに止まれぬ思いをよく理解しています。原発が事故を起こした場合に、もっぱら被害を受ける「受苦圏」の人々ですから。それに続いて「原告らの指摘する国内外の原子炉施設における事故・事象等の発生それ自体が、周辺住民に不安を抱かせる原因となっていることは否定できない事実であり、これらの不安に誠実に対応し、安全を確保するため、国や電気事業者等に対しては、今後とも厳重な安全規制と万全の運転管理の実施を図ることが強く求められる」と、原発に関わる国や電力会社に対して、安全管理を徹底するよう強く要望しています。判決自身は先の最高裁判決に従いながら、それでは汲みつくせない裁判官としての感慨を、安全性を危惧する住民と管理責任を負う国や事業者双方に語り掛けているのです。この言葉があったためか原告住民は控訴せず、判決が確定しました。

伊方原発運転差止裁判瀬戸内海包囲網

三・一一の福島事故を目撃した後、伊方原発の安全性を問い直す裁判が松山・広島・大分・山口から次々と提起されました。これを原告住民たちは「伊方原発運転阻止瀬戸内包囲網」と呼んでいますが、いずれも「原発運転の即時停止」を求める「仮処分」と、「運転差し止め」を求める「行政訴訟（本訴）」を組み合わせた戦術を採っているのは興味深いことです。伊方原発との直線距離は、松山が五〇キロメートル、瀬戸内海を挟んで大分が六〇キロメートル、岩国（山口）が七〇キロメートル、広島が一〇〇キロメートルと、いずれも大事故を起こせば放射能飛散の被害が及ぶ範囲です。

最初に裁判を提起したのは松山の「伊方原発をとめる会」で二〇一一年一二月に「伊方原発一から三号機の運転差し止め」の本訴を提起し、福島事故のような大地震に起因する事故が伊方でも起こり得ると主張しました。この訴訟で注目されることは、福島事故後初の原発裁判であったためか、提訴に参加する原告は六次まで一五〇〇人を超え、四国内の全市町村から名を連ねていることです。二〇一六年五月に「即時差止」の「仮処分」を提起しましたが、二〇一七年七月に松山地裁は「仮処分即時抗告審」で申し立て却下、高松高裁に控訴後二〇一八年一一月に「抗告審」却下で、いずれも運転を認めるという結果になりました。一方、「本訴」は二〇二四年六月に結審し二五年三月一八日に判決言い渡しの予定です。

少し時間が空いて二〇一六年三月に広島地裁に「伊方原発運転差し止め広島裁判の会」が伊方原発一から三号機運転差し止め訴訟を提起しました。原告は広島・長崎の被爆者一八人と福島事故で広島県に避難している人など全部で九七人が「本訴」し、そのうちの三人が「三号機再稼働差止仮処分」も併せて申し立てました。南海トラフに起因する巨大地震が発生して伊方原発に事故が起きた際、瀬戸内海を経て広島市でも放射能飛散による被ばくの恐れがあると主張しました。二〇一七年三月広島地裁は仮処分の申し立てを却下したのですが、控訴した二〇一七年一二月の広島高裁で「阿蘇カルデラで大規模噴火が起きた際、火砕流が伊方原発に到達する可能性が小さいとは言えず、立地に適さない」として運転差し止めの「仮処分」命令を下し、直ちに運転が停止されました。「仮処分」は決定が早い上、直ちにその決定に従わねばならないのです。この裁判は、火山を理由とした画期的な判決でありました。しかし、四国電力は直ちに異議申し立てを行い、二〇一八年九月に同じ広島高裁は「自然災害の危険性をどの程度まで容認するかという社会通念を基準に判断する」として、先の仮処分を取り消して運転を認めました。その結果、約一年ぶりに三号機は再稼働したのです。このように「社会通念」という言葉を裁判所がよく使うようになったことが注目されます。火山爆発や飛行機事故などが頻繁に起こるその主張は、社会通念＝社会一般が共通して持っている考えから外れて（逸脱して）いるので採用する必要はないというわけです。裁判官は自ら判断せず、社会で通用している意見・考えに従うとした極めて杜撰な判決と言わざるを得ません。

大分の「伊方原発をとめる大分裁判の会」が大分地裁に運転差し止めの「仮処分」を提訴したのは二〇一六年六月で、地裁の却下、高裁への控訴を経て最終的に二〇二〇年六月に高裁の抗告取り下げとなりました。二〇一六年九月に「本訴」を提訴し、現在も継続しています。

山口の「伊方原発をとめる山口裁判の会」の山口地裁岩国支部への「仮処分」提訴は二〇一七年三月で、却下の後広島高裁に移され、二〇二〇年一月に「地震や火山による具体的な危険」の可能性があるとして、三号機の運転差し止めの「仮処分」が認められ運転停止となりました。しかし、四国電力の広島高裁への即時抗告によって仮処分は実行されず、二〇二一年三月に「大規模災害が発生する可能性は高くない」として仮処分は取り消されました。良心的な裁判官はいて仮処分を認めるのですが、多くの体制順応型の裁判官が出てきて画期的判決を取り消していくのです。山口の「本訴」は二〇一七年一二月から始まり、現在も継続しています。

注目すべきことは、広島高裁が、二〇一七年一二月に「阿蘇カルデラ火砕流」問題、二〇二〇年一月に「地震や火山による危険性」を理由にして、運転差し止めの「仮処分」を二度も認めたことです。いずれもすぐに取り消しの判決が出されたのですが、地震や火山などの天災がいつ起こる／起こらない、を誰も（原子力規制委員会も）言うことができず、「社会的通念」もないことから、それを重大視する裁判官が現れても不思議ではありません。それらはまさに裁判官個人の独自な観点で出された見解ですから、良心的な裁判の出現として重要ではないかと思っています。

多数の伊方訴訟の意味

伊方訴訟は、最初に提起された一九七八年から数えると、もう四六年になります。その間ほとんど敗訴しか得られなかったのですが、今なおいくつかの「本訴」は続いています。原発の安全性に疑問を持つ人々は裁判に挑戦し続け、簡単には妥協しない意志を私たちに示しているのです。その背景にあった不屈の精神が体現していることを、ここにまとめておきましょう。

（1）簡単に政府（国）の言うことを信用しない、容認しない、従わない自治の精神。

原発推進は国策であるとして、政府は税制や補助金を通じて原発立地自治体に金銭による分断を持ち込み、電力会社の原発建設を盛り立ててきました。政府は、国権を前面に出し、国益を強調し、公共の福祉だとして国民を煽り、何にもまして原発の安全神話を吹聴してきました。日本人は「お国のため」「皆《みんな》のため」と言われれば、それを優先して個人としての願いや望みや欲望を後回しにする傾向があります。それに目をつけた政府は、原発は国家のためであると強調してきたのです。これに対し、国権より人権・民権が大事、国益より私益が先、公共の福祉より個人の尊厳の重要性を対置し、原発の危険性を指摘し、安全神話は「神話」でしかないと見抜き言い続けてきた不屈の意志を対置してきたのです。

（2）疑問を持てば問い質し、科学的に考える精神。

伊方原発訴訟で住民たちが提起した①過酷事故が生じた場合に住民にもたらす重大な被害、②被ばく労働なしで成立し得ない原発、③平常時でも生じる放射能拡散による環境汚染、④放射性廃棄物の最終処分法、⑤核燃料サイクルの非現実性、⑥プルトニウム生産と核兵器拡散など、現在もなお解答が得られていない疑問点を裁判で問い質してきました。これこそ科学的精神に溢れたものと言えるでしょう。さらに、それまでは問題にされていなかった、南海トラフ、阿蘇山の噴火、中央構造線の活断層、基準地震動、航空機の墜落、などの問題点について科学的議論が必要であると提起してきました。例えば基準地震動について、四国電力の安易な対応を裁判で鋭く告発したことは、科学的な見地の重要性を物語っています。実際、四国電力は伊方原発の基準地震動を最初たった一八一ガルとしていたのです。これは震度五弱に対応する甘い評価でしかなく、実際の震度は六から七であり、一〇〇〇ガル以上となることを指摘したのです。四国電力の言い草は「地震が来ることは予知できないが、来ないことは予測できる」というもので、非科学的な態度でした。結局渋々六五〇ガルにまで引き上げたのですが、基準地震動の科学的根拠は未だに明らかになっていないのが実情なのです。

（3）裁判の公開性と経過報道により、多くの人々と知見を共有する精神。

裁判は、原告住民と被告の国や電力会社、そして裁判官との間で行われる公開討論のようなものと言えるでしょう。その討論を通じて国の審査や電力会社の安全対策について、科学性や合理性や公正性を目の前で点検することができるのです。さらに裁判官が、原発に関連するさまざまな技術的要素をリアルに考え、実態を把握する能力を養っていくようになることが重要です。見守る一般の人々にとっても、裁判の経過はマスコミによって逐一報道されますから、いろいろ学ぶことが多くあります。そのことを考えて、地震学や原子力工学の専門家を証人として招き、裁判で科学論争を行うことに重要な意味があるのです。どこまでフェアに考えているかが観察できるからです。また、各地で異なった訴訟が提起されることは、多くの国民が原発について幅広い知見を共有する機会として重要です。その意味で、「伊方原発運転阻止瀬戸内包囲網」は優れた原発教育の場となっていると言えるでしょう。のみならず、日本における司法（裁判）の実態を知り、行政を司る政府の無責任さを実感し、電力会社の形式主義的な対応ぶりを広く世の中に知らせることは、非常に意味があるのではないでしょうか。

近年の最高裁の偏った判決

二〇二二年六月一七日に、福島第一原発事故の被害者が提起した生業訴訟、群馬訴訟、千葉訴訟、愛媛訴訟において、国が規制権限を正当に行使しなかったにもかかわらず、最高裁が国の責任を認めないとの判決を下しました、この判決は、三〇年前の伊方原発最高裁判決からも後退した内容であるため、コメントをしておきたいと思います。

福島事故の被害救済を求める訴訟において、原告側は福島沖を含む太平洋沿岸領域で津波地震発生の可能性を予測した政府の地震調査研究推進本部の「長期評価」に基づき、防潮堤の建設や重要機器類の「水密化（水を通さず、高い水圧に耐えられる措置）」を講じておけば事故は防げたとし、その対策を国（原子力安全・保安院を擁する経済産業大臣）は東電に指示する義務があったのに、それを怠った責任を問うたのです。

これに対し被告の国側は、長期評価は信頼性が低く、津波は予見できなかったと反論しました。長期評価で想定された地震の規模はマグニチュード八・二で、津波の高さは主要建屋付近で二・六メートルであったのに対し、実際には地震の規模はマグニチュード九・一であり、津波の高さは約五・五メートルであったというわけです。また防潮堤は南東側からの浸水を想定していたが、東側からも浸水しており、長期評価の想定通りの南東側の対策を講じていても、東側からの敷地への浸水を防げなかった、と反論していました。

判決は国側の意見を全面的に取り入れ、国（経済産業大臣）が規制権限を行使して長期評価に従った措置を仮に東電に命じていたとしても、大量の海水が敷地内に侵入することは避けられなかった可能性が高く、事故が発生した公算が高いと言わざるを得ないと判断できる、と言うのです。従って、国（経済産業大臣）が規制権限を行使して津波事故を防ぐための適切な措置を東電に義務付けなかったことを理由として損害賠償責任を負わせることはできない、として国の責任を免罪したのです。

この判決では、そもそも長期評価は津波の襲来を予見したものではなく、その規模や方向が正確でなかったことを強調しています。しかし、それは結果論であって、国が長期評価を無視してよいということにはなりません。国は長期評価が示した危険性をしっかりと受け止め、それに応じた対策を電力会社に命じる義務があったのですから、事故を招いてしまった責任は国にもあることを認めるべきなのです。

伊方最高裁判決では、「原子炉施設の安全性に関する審査が、最新の科学的、専門技術的知見に基づいてされる必要がある」と述べているように、その時点での「科学的・専門技術的知見」である長期評価を国は東電に命じる義務があったのは当然なのです。さらに伊方判決では、「災害が万が一にも起こらないようにするため、科学的、専門技術的見地から、十分な審査を行う」ことが求められているとも言っています。その意味では、結果はどうであれ、国が長期評価に基づく十分な審査と東電への指導を行わなかったことを取り上げ、当然国の責任を認めるべきであったのです。伊方最高裁判決の先見性を評価すべきでしょう。

この六・一七判決をそのまま受け取ると、「いかなる対策を講じさせたとしても、予測できない災害が発生する可能性があり、そのような事故の発生は阻止できないのだから、国は責任を負わなくてもよい」ということになります。これなら、長期評価の必要性やその提言の意味はないことになってしまいます。また、長期評価とは別に、「水密化をしておけば災害を免れた可能性」については、この判決では何も言っていません。水密化は国が課す安全基準審査の範疇にあることで、この点においても国の責任を知っていて、判決では敢えて無視したと言うべきです。

実は、三・一一以後の原発裁判において国の責任を認める判決が下級審で出されていたのに、この最高裁判決が出てから、下級裁判所の判断がコロッと変わり、国の責任を認める判決がピタッと出なくなってしまいました。下級審の裁判官は、こぞって最高裁の意向を斟酌して、国の責任を認めないという判決を下すようになったのです。典型的なのは、二〇二三年三月に出された、いわき市民訴訟に対する仙台高裁判決です。判決文において、

「経済産業大臣が技術適合命令を発しなかったことは、極めて重大な義務違反であることは明らか」とし、「水密化措置を実施することで実際の津波に対して重大事故の発生を防止できた可能性が相当高い」と、国の責任を認めているのです。おそらく、この辺りは最高裁判決が出る前に当の裁判官が持っていた心証であり、前もって判決文を書いていたのでしょう。しかし、先の最高裁判決で「対策を講じていたとしても重大事故を防げなかった可能性がある」との屁理屈が出されたため、急遽書き換えることにしたようです。その結果、「水密化などについて、実際にどのような措置を選択するのかについては「幅」があり、必ず重大事故を防ぐことができたとは断定できないため、国の責任はない」とした判決を出しました。国が厳格な規制審査をしなかったことを問題にしているのに、国の規制審査には「幅」があって効果的でなかったかもしれないのだから国に責任を問えない、と議論を誤魔化しているのです。いかにも苦しい判決と言わざるを得ません。高等裁判所の裁判官もこの程度のレベルなのか、と何だか力が抜けてしまいますね。

この最高裁判決が出されたことに力を得て、岸田内閣は原発の積極推進政策であるＧＸを打ち出したと思われます。そして、それを支えるために原発の新設・増設の建設資金を国民の電気料金で賄う考えを検討中であると報道されています。このように、最高裁判決は政治にも大きな影響を及ぼすのです。伊方原発訴訟は、その意味でも、まだまともな先駆的役割を果たしたと言えるのではないでしょうか。

第4話
再稼働の議論の最前線で
新潟から原発問題を問いかける

二〇二四年五月一九日　日本エントロピー学会 新潟集会

新潟の挑戦

二〇一六年、泉田裕彦知事が衆議院議員への鞍替えのため知事選に不出馬となり、そのとき立候補して当選したのが米山隆一氏でした。前任の泉田知事は、在任していた二〇〇七年に中越沖地震に遭遇して柏崎刈羽原発が損傷を受けたことに衝撃を受け、原発の安全性の問題に強い憂慮を感じていました。そして二〇一一年三月の東日本大震災によって福島第一原発事故が起こったときに、「福島事故の検証なしに、柏崎刈羽原子力発電所の再稼働の議論はしない」と宣言しました。後任となった米山知事は、いっそう強く柏崎刈羽原発の再稼働に慎重姿勢を打ち出すことになりました。

それは、平山征夫知事時代の二〇〇三年に設置されていた「新潟県原子力発電所の安全管理に関する技術委員会」を強化し、二〇一七年秋にこの技術委員会に加えて、「新潟県原子力発電所の事故による生活と健康への影響の検証委員会」と「新潟県原子力災害時の避難方法に関する検証委員会」を新たに設置し、「三つの検証体制」を起ち上げ、柏崎刈羽原発の安全稼働を検証する体制を強化したことです。さらに二〇一八年二月に「新潟県原子力発電所事故に関する検証総括委員会」を設け、三つの検証委員会が行う検証結果を総括して、柏崎刈羽原発の安全性の点検と稼働についての判断材料を提示する方針を掲げました。私は検証総括委員会の委員長を委嘱され、福島事故の十分な検証がないまま原発の再稼働が進んでいる状況に、何らかの意志表示ができるものと考え、喜んで引き受けたのでした。

注意していただきたいのは、三つの検証委員会及び検証総括委員会の名前のいずれにも「新潟県原子力」がついて「発電所」または「災害時」とあることです。つまり、新潟県の柏崎刈羽原発の安全管理や万一事故を起こした場合の被害・避難について検証し、その総括を行うことを目的としているのです。福島事故以来停止している柏崎刈羽原発の安全性や事故対策をきちんと検討し、今後の再稼働可否の判断材料とするためです。安易に政府や東電の再稼働の動きに同調するのではなく、新潟県として独自に原発の再稼働を判断するための材料を集め、自分たちで議論すると表明したのでした。地方自治の精神の表れで、中央集権に抗する新潟県の挑戦であったと言えるでしょう。

私が考えた検証総括の中身

当初三年ほどの時間をかけ、各検証委員会の議論と並行して一年に一、二回は検証総括委員会を開催し、検証作業の進捗状況を確認し、さらに検証総括委員会として大所高所から付け加えるべき問題点を取り上げて見解をまとめる、という予定が立てられました。しかし実際には、二〇一八から一九年度中は各検証委員会においては、福島事故の検証を行い、それをどのように柏崎刈羽原発の安全性確認につなげていくかを議論し、そのために必要な調査や文献収集・講師を招いての学習会などを行っていました。その間、検証総括委員会は出る幕はなく、委員会として取り上げるべき問題について非公式の委員会を二度開催して相談しました。そのとき、私が提起した検証総括委員会として取り上げるべき課題は以下のようなものでした。

まず各検証委員会においては、福島事故の実態を把握し、その教訓を踏まえて新潟県の原子力事故の事前対策（災害の予防・防災の手立て）と事後対策（災害の拡大防止・減災の手立て）を検討すること、そして東電・行政（国・県・立地自治体）が取るべき対策を要請するための議論を深めるということでした。それに応じて、検証総括委員会としては、

①ＩＡＥＡが深層防護として掲げている防護対策が徹底されているか？

②福島事故の勃発によって、どのような影響が地域にもたらされたか？　新潟では、どのような影響がもたらされうるか？

③その予想に対して県民としての意識・覚悟はどうであるか？

を、明らかにすることを第一目標としました。さらに、検証総括委員会として独自に、

①三つの検証委員会ではカバーできない問題点を抽出し、

②東電の適格性（技術以外の側面も含む）問題を議論し、

③活断層や液状化などトランスサイエンス問題への考え方を提示し、

④県民の意見や要望や疑問をどのように汲み上げていくか、

を議論したいと考えました。そのことについて、二〇一八年二月の第一回委員会、二〇二一年一月の第二回委員会において議論したのです。

県との対立

しかし、早くも二〇二〇年一〇月には「福島第一原子力発電所事故の検証」報告書が技術委員会から、そして三カ月後の二〇二一年一月には「福島原子力発電所事故による避難生活への影響に関する検証」報告書が健康と生活検証委員会の生活分科会から、知事宛に

提出されました。その背景には、二〇二〇年の夏ごろから財界メンバーや経産省の役人の柏崎刈羽原発の訪問が相次ぎ、その際には必ず知事への挨拶を行っていることがあり、既にその頃から県に対して中央政界から早期の再稼働の圧力がかかり始めていたのです。

それを受けて、県の原子力安全対策課が検証を早期に済ませるために、福島事故のみの検証に絞って報告書提出を急がせた結果であろうと考えられました。そもそも検証報告書は知事ではなく、検証総括委員会でまず議論されるべく委員長である私に提出されてしかるべきはずなのに、私は完全に無視されたのです。県は検証総括委員会で時間をかけた議論をさせたくなかったのでしょう。というのは、先に述べた私が構想したような検証総活委員会の中身をそのまま実行すれば、検証総括が出るまでに多大な時間がかかり、政府が考えるような柏崎刈羽原発の早期再稼働ができなくなるからです。

そのことが露わになったのは、二〇二一年六月に新潟県の防災局長がわざわざ新潟から京都のわが家に見え、「知事として「検証総括の進め方について私と県との間に意見の齟齬があるようなので、そのことをはっきりさせ、それを検証総括委員に提示して議論をしてもらう材料にしたい」との意向があったので出向いた」と言われたことです。知事としては、このまま私の委員会運営の方針で進めると時間がかかり、彼が望むような総括が簡単に得られそうにないから、この際県の考えを明確に打ち出して池内委員長に圧力を加えておこうとの意図があったと考えられます。そこで、私が局長に対していくつか気になっている論点を出し、互いの意見を述べ合うことにしました。そして、検証総括委員会で議論しやすいよう、それらを文章化し、一覧表の形で局長と私の合意の上で、「検証総括委員会　池内委員長のご意見と県の考え」としてまとめたのです。

この一覧表には、五点について双方の意見が書かれています。その内容を要約すると以下のようになります。

①タウンミーティングの開催

（私の意見）県民の意見・要望・疑問などを検証総括に反映させるために各地域で開催する。

（県の意見）タウンミーティングではなく、検証報告書が出された後に県民への報告会を催し結果の報告を行う。

②柏崎刈羽原発の安全性についての言及

（私）それについて言及しない検証総括はあり得ない。特に技術委員会の両論併記部分について詳しく検証し、柏崎刈羽原発の安全性にどう生かされているか示すべき。

（県）今回の報告は福島原発事故の検証に留める。柏崎刈羽原発の安全性については、技術委員会の今後の議論に委ねる。

③東電の適格性に関する点検

（私）発電事業者としての東電の適格性とともに、福島事故への対応における企業としての責任感や住民への対応における誠意についても適格性の範疇として議論したい。

（県）今回の検証総括では東電の適格性については触れない。今後の技術委員会の検証に委ねる。

④総括報告書の中身

（私）委員会として議論が必要と考えた項目も含め、必要なら合同の検証委員会を開催して複数の検証委員会にまたがった項目をも議論する。

（県）検証委員会から提出された各「検証報告」に矛盾がないかを整理して論点の整理を行うことのみとする。

⑤委員会への知事の出席

（私）知事の都合で期日や時間が制限され、自由な議論の妨げになるから不要である。

（県）委員会は知事が招集することになっており、その都度検討する。

こうして、私と県の「対立点」がはっきりしたので、それを検証総括委員会で議論し、いずれの意見で委員会審議を進めるかを決めるのがよい、となったわけです。そして、七月に原子力安全対策課との打ち合わせを行い、第三回の委員会を九月二日に開催することで合意したのでした。

県との決定的な決裂とその背景

第三回の委員会を開催する直前の八月に新潟県の幹部職員（副知事、危機管理監、防災局長）から呼び出され会見を持つことになりました。県として、私が自分の意見を引っ込めて県の意向通りの委員会運営をするように説得しようとしたのです。私は、県民に役立つ検証を行うためには私の方針は変えられない、と返答しました。県の幹部としては、県が招集した委員会だから、県の方針に従うのが当然と考えていたようで、そこで一時間近くも押し問答となりました。結局、物別れとなり、知事との会見に委ねるとして、この会合では結論が出なかったのです。おそらく、県の幹部たちは政府の意向を忖度して、委員長である私に県の方針を押し付けようとしたのでしょう。

そこで、検証総括委員会を予定していた九月二日に、委員会開催を中止して知事との会見を行うことになりました。その日、知事も強硬に県の方針に従って委員会運営を行うよう迫ったのですが、私は「それでは県民のための総括はできない」として断り続けました。何度かの押し問答の末に、知事は突然、「委員長に私の意向を尊重して頂けないなら、今後検証総括委員会を開かないことにします」と言明したのです。私は「委員会を開かせないつもりなのですね」と応じ、「それでは委員長としての私の任務は果たせないから、解任していただきたい」と述べました。知事の返答は「私はあなたをリスペクトしているから解任はしません」というものでした。要するに知事として、委員会の運営を巡っての委員長との対立の責任を私に押し付け、私から辞任を申し出ることを期待したのだと思われます。私は、その場は「考えさせてください」として、進退については何も言わずそのまま退席しました。

ただ、私は委員会の開催ができない委員長という「宙吊り」の状態に追い込まれたので、再度知事に会見を申し入れて妥協の道を探ることにしました。その妥協案というのは、委員会を開催して私と県の意見の相違をまとめた一覧表を委員全員に示し、委員会としていずれの意見に従って議論を進めるかを選ぶことにしてはどうか、というものです。これは、本来知事が考えていた案であったはずなのです。私としては、委員の大半が県の意向に従うという意見なら、それに応じた委員会運営を行うしかないと思っていました。むろん、委員の過半数は私の意見を支持してくれるであろうと考えていたのも事実です。道理から言えば、私の意見が選ばれるはずと思っていたからです。しかし、知事は私の妥協案については検討もせず拒否しました。県の進め方通りでない限り受け付けないという態度でした。私は「しばらく考えたいので辞表は出さない」と言って、再度知事室を後にしたというわけです。

この経緯からわかることは、一つは国政であれ県政であれ、日本には審議会（現在では有識者会議）方式が巧妙に利用されており、為政者はそれを使うことを当たり前と思い込んでいるということです。行政側がお気に入りの委員を任命し、事務局が用意した予定通りの結論を答申させ、それを金科玉条にして政策化するという手法です。政治家は審議会からこういう答申があったから提案すると言い、審議会委員は我々は答申したが、その採否は政治家が行うのだから答申の結果の責任を負いかねるとして、最終責任を誰もとらなくて済む政治手法なのです。まさに無責任行政です。有識者会議はもっと手軽で、時には首相が会議の議長になり、自分に対し答申するというものです。始めに答ありきの会議と言えるでしょう。

もう一点は、国が何らかの方針を打ち出そうとの動きを察知すると、地方はそれを先取りする姿勢が身に付いていることです。中央集権体制が貫徹して地方分権がどんどん弱まっているのです。国が原発推進政策を採用し、原発再稼働の方針を持っているらしいと察知すると、副知事を始め新潟県の幹部たちがこぞって早々と原発再稼働のために動き始めたことからも、それがわかると思います。

私の解任そして県の「総括報告書」

知事との会談が決裂した二〇二一年一〇月以後解任されるまで約一年五カ月の間、私は委員長を辞職せず、可能な限り三つの検証委員会の傍聴に新潟へ出かけました。委員会審議を終了して活動を停止していたのは生活分科会のみで、技術委員会は柏崎刈羽原発の安全性に関する意見を求められているため、二カ月に一回くらい開かれていました。また、避難委員会は二〇二二年九月に、健康分科会は二〇二三年三月に検証報告書を出すまで、それぞれ委員会は開催されていたのです。しかし、各委員会の議論も最後を意識したのかまとめを急いでいたようで、心なしか低調な気がしたのも事実です。

結局、二〇二三年三月三一日に「任期切れ」という理由で、私は検証総括委員長を解任されました。同時に、県知事は、従来からあった技術委員会のみを存続させ、他の二つの検証委員会および検証総括委員会をすべて終了させたのです。解任後の二〇二三年五月に花角知事は、「今後新たな検証総括委員会は設置せず、検証結果に齟齬や矛盾がないかを確認してまとめる作業を県が事務的に行う」と記者会見で述べました。要するに、検証総括は各検証委員会報告を事務的に整理し、それを「総括報告書」として県民に公表するというのです。

米山前知事が三つの検証委員会の他に、わざわざ検証総括委員会を起ち上げたのは、三つの検証委員会が提出した検証報告書を検証総括委員会が読み直し、委員会として独自の見識と視点から新たな論点を付け加えて議論し、真の総括を行うためであったと思われます。ところが、花角知事は検証総括委員会を消滅させ、事務官に命じて各検証委員会の報告書を実務的に整理させるというわけです。こうして、県作成の「総括報告書」が九月一三日に公表されたのですが、まさに四つの委員会・分科会から出された報告書の簡略版でしかありません。論点にメリハリがなく、何が強調されているかわからず、今後の対策も不明確なままで、単なる項目の羅列でしかないのです。委員会で出されたことしか書かれていないのは、作業に当たった事務官には余分な口出しができないためでしょう。

そんな安直な「総括報告書」であるにもかかわらず、福島事故の未解明な点は少ししか書かず、事故の被害や福島県民の困難を小さく見せかけようとするバイアスがかかったまとめ方になっているのです。これは明らかに福島事故を矮小化する国の姿勢をなぞっており、これを読む県民に及ぼす影響も無視できないと思われました。例を挙げると、技術委員会の報告書の事故原因についての両論併記部分を縮約してしまいどこに問題があったかが不明になってしまっていること、健康分科会の「参考」部分に福島の健康被害が小さいと印象付ける文章が差し込まれていること等です。事務的文章であっても、どういう立場で書いたかがわかるのです。

解任後の私の活動

解任された後に行った私の活動は主に二つあります。

一つは、避難委員会の副委員長であった佐々木寛氏（新潟国際情報大学教授）と健康分科会の委員であった木村真三氏（獨協医科大学准教授）とともに、検証委員会の経緯を広く新潟県民に知らせるためのキャラバン活動を行ったことです。私と知事の対立点を広く公開して、真の県民のための検証総括を行う必要性を多くの人々と共有することを目的として、新潟県下で巡回講演会を催したのです。花角知事は柏崎刈羽原発の安全性確認のためのしっかりした検証総括を行わせず、福島事故に関する型通りの検証結果を羅列したのみの安直な総括で終わらせようとしていることを県民に知らせたいと思ったからです。五月七日の柏崎市を皮切りに新潟市・新発田市・上越市・三条市・糸魚川市・長岡市・十日町市・南魚沼市・佐渡市・小千谷市と計一一都市で集会を開きました。どの会場でも七〇名から一五〇名の参加者があり、講演をするとともに、質問や要望を集約して今後の運動のための材料とすることにしました。

そのキャラバン活動の中で生まれたのが、私たちの手で検証活動を行うことを目的とした「市民検証委員会」です。この委員会は、今後具体的に「原発事故の際の避難は可能であるか?」をテーマとして検討する予定です。柏崎刈羽原発が事故を起こした場合、当然地域ごとに避難方法が異なるわけで、各地でキメ細かい議論をしようと計画しています。実際に、二〇二四年一月から、今度は市民検証委員会として、避難委員会の委員であった上岡直見氏を中心として新たなキャラバン活動が行われています。

もう一つは、五年間検証総括委員長であり、三つの検証委員会のほとんどの審議を傍聴してきた私の観点から、検証総括をまとめる作業です。単に県が出した「総括報告書」を批判するだけでなく、各検証報告書の要点をまとめて議論不足と思われる点を指摘し、さらに各検証委員会で取り上げられずに検討されなかった問題点について、私なりの調査と考察を加えた『池内特別検証報告』をまとめて公開することです。その作業は委員長であった私の成すべき責務であると考えたわけです。そして、これを使って県民が柏崎刈羽原発の問題を考え・学び・議論するための材料にしてもらえれば、と思いました。これを二〇二三年一一月にPDF版で一般公開し、誰でも無料でダウンロードできるようにしました。それに留まらず、全国の（特に原発立地地域の）皆さんにも参考になるかと思い、内容をより広げて明石書店より『新潟から問いかける原発問題――福島事故の検証と柏崎刈羽原発の再稼働』という標題の書籍として出版しました。私が経験した事柄から汲み取れる教訓を多くの人と共有できたらと願ったのです。今後幅広く議論すべき項目を提示したつもりですから、ご愛読をお願いします。

今後の日本社会への提言

以上が、私が新潟県の原発問題に関わって検証総括委員長となって、知事との対立のためにほとんど何もできなかったことの経緯（言い訳？）なのですが、この過程で学んだことを「提言」として書いておきましょう。

（1）地方自治・分権の復権を声高に！

明治維新以来、日本は人権より国権が重視され、中央集権の徹底によって、地方分権の思想はアジア・太平洋戦争が終わるまで無視され続けてきました。また日本人の気質として、個より集団への同調が優先され、「世間」を意識して他人の目を気にすることが多くあります。自己を殺して「みんな」に迷惑をかけない、自分の意見を主張するのはわがままと捉える風潮が強いのです。日本国憲法で使われている「公共の福祉」も、個を殺して公共のために尽くすというふうに解釈されることが多いのです。そのような心情が根底にあって、地方自治の精神が弱いのですが、これは中央への無条件の従属、そしてファシズムに通じる危険性があります。最近、地方自治をいっそう制限する法律ができ（中央政府の地方自治体への「指示権」の容認）、いっそう地方の隷属化が進みそうです。原発問題は中央の権力による地方住民の分断を足場に、地方自治を踏みにじっている典型と言えるでしょう。

（2）司法や原子力規制委員会への批判を！

先に、司法や原子力規制委員会において「相対的安全性」論がよく使われていると述べましたが、この論法は比較軸を持ち込んで「それと比べれば、まだまし」というゴマカシの論理なのです。従って、まずその比較軸にどんな根拠があり、公正なのかどうかを厳しく問わねばなりません。そして安直な比較を行っていないかを点検することです。また、「絶対的安全性」の精神を引き継ぐ論法として、「予防措置原則（安全性最優先原則）」というような科学以外の原則を持ち込み、安全性を絶対条件とする論理を積み上げることが重要ではないでしょうか。

（3）「受苦圏」と「受益圏」の分離の認識を！

公共事業の策定においてコスト・ベネフィット論（やリスク評価）が持ち出されることが多いのですが、それらの議論において比較の対象となる人間集団に非対称があることを忘れてはなりません。原発で言えば、過疎地の人間はもっぱらコストを払うことが求められ、事故があれば一元的に被害を受けねばならず、少数の人口の「受苦圏」の住人であるのに対し、都会の人間はもっぱらベネフィットを得て、事故があっても被害はほとんどなく、人数が圧倒的に多い「受益圏」に属しています。この差異を無視して、声の大きい世論を優先すれば「受益圏」の意見が通ってしまうのは当然です。しかし、それは正しいのでしょうか？　リスク評価も、もっぱらリスクを背負わされる人間と、リスクなしでメリットばかり享受する人間がいることを考える必要があります。このような社会や体制の構造が造り出している差別が厳然として存在することを忘れてはなりません。

第５話
なぜ原発が止められないのか？
無責任な日本の原発行政

二〇二四年三月一六日　さよなら原発・核燃「3・11」弘前集会

原発問題を見直す

安全保障戦略に打つ手なし

二〇二二年一二月に安全保障戦略関係の三文書が閣議決定され、そこに四つの弱点がありました（第6話参照のこと）。その弱点の一つに原発問題があり、以下に述べるように、それについてはお手上げである（何ら具体的な策がない）のが実情です。例えば、『国家安全保障戦略』においては、「原子力発電所等の重要な生活関連施設の安全確保に関する我が国内での対策を強化する」としか書かれていません。どんな対策を強化するかについては何も述べていないのです。打つべき対策が思いつかないためなのでしょう。もっとも、ここでは原発は「重要な生活関連施設」という位置づけでしかないのですが。

一方、『国家防衛戦略』では「原子力発電所等の重要施設」となってはいますが、「有事を念頭に平素から警察や海上保安庁と自衛隊の間で訓練や演習を実施し、特に武力攻撃事態における防衛大臣による海上保安庁の統制要領を含め、必要な連携要領を確立する」とあるのみです。海岸縁に設置された原発の防衛対策の中心に海上保安庁を据え、自衛隊の出番については何ら具体的に言及していないのです。自衛隊が中心になって原発を防御する体制は考えていないのでしょうか。

『防衛力整備計画』においては、もう少し詳しく「原子力発電所が多数立地する地域等において、関係機関と連携して訓練を実施し、連携要領を検証するとともに、原子力発電所の近傍における展開基盤確保等について検討の上、必要な措置を講じる」とあります。しかし、「必要な連携要領を確立する」（国家防衛戦略）とか「検討の上、必要な措置を講じる」（防衛力整備計画）とあるように、「必要な」対策を指示しながら、その内容については何も述べていないのです。

テロ対策もお手上げ

テロと言えば、一般に武装した集団が襲いかかって来ることを想定し、原発を守る警察や海上保安庁との銃撃戦を想定することが多いようです。そのため、原発のテロ対策も武力襲撃を抑止するための装置（封鎖できる何重もの出入り口や通路の防御装置、放水設備、秘密の通路など）が中心となり、それはテロ集団に知られてはならないから秘密で電力会社しか知らないことになっています。つまりテロ対策は企業秘密であって、外部の人間は知ることができないのです。そのため、電力会社は秘密を口実に手抜きしやすく、果たして本当に厳しく手を打っているかどうかわかりません。日本では警備会社の職員は武器を携行することが許されていませんから、武力集団に襲われたらお手上げです。特に自爆テロの場合は命を懸けていますから防止するのが困難です。さらに自殺の道連れに保安職員まで巻き添えにする「集団自殺」へと発展することもあるので、いっそう危険となります。

他方、ソフトテロと呼ばれる、大掛かりな武力を使わず、原発で働く職員や労働者や出入りの業者がこっそり原発の敷地に侵入して、原発周辺機器（電源・電線・冷却水・貯水槽のパイプ等）を破壊するテロもあります。そのような人間が出ないよう、電力会社は原発で働く人々を徹底して調査・監視し、訓練や研修会や勉強会を通じて企業に従順な人間になるよう教育するとともに、通常より高給を提供しています。原発周辺に宿泊所・コンビニ・飲み屋・レストラン・遊技場・病院など、生活しやすい環境も整備して、不満が溜まらないよう手を打っているのです。

ソフトテロの一種として、コンピューターを動かなくさせたり、誤作動させたり、ウイルスを仕込んだり、というような原発から離れたところから仕掛けるサイバーテロがあります。と言っても、原発はコンピューター制御されているのですが、そのコンピューターは外部とは一切連結しておらず、それだけで閉じていて外部からは手が出せないようになっています。だから、ハッカーと呼ばれる人たちが回線を通じて、密かにコンピューターに侵入しウイルスを仕込むことはできません。しかし、原発には必ず制御用コンピューターが使われています。その制御用コンピューターで得たデータはUSBメモリーに蓄積し、そのデータを手元のパソコンで解析しています。そこで、ハッカーは業者が納入するUSBメモリーに密かにウイルスを仕込んでおき、制御用コンピューターに差し込まれた瞬間にウイルスに感染させるという手法があります。現にイランでこの手法が使われました。このような思いがけないサイバー攻撃の技法は今後増えてくるのではないでしょうか。

原発推進の手法――「国策」

日本における原発推進は、「国策民営」と呼ばれるように、まず国（実務を担ったのは、当時の通産省と科学技術庁）が原発推進の基本方針を決定し、法律（政令・省令も含む）を整備することから始まりました。それとともに、研究開発機関（原子力研究所や原子力開発事業団）を設立して、欧米から技術輸入で原子炉建設を先導したのです。これは明治以来日本が採ってきた技術導入の手法で、まず最新技術（鉄鋼・造船・繊維など）を国費で輸入し、国策会社でその技術を磨き上げ、やがて国策会社を民間へ払い下げて技術を発展させ、輸出をするようになるまで企業を優遇する、というものでした。日本は「物まね上手」と言われるように、新技術のノウハウを学び習得し洗練するのが得意なのです。ロケット開発がそうだし、原発もその路線の典型と言えます。原発の場合、最初は「ターンキー契約」と呼ばれる方式で、装置の製作・セッティングまですべてを海外のメーカーが行い、日本はただスイッチを入れる（キーをターンする）だけでよいとの、完全にお任せ技術でした。

次に国が行ったのは、アメリカと原子力協定を結んで、ウランの確保や原発技術の取り扱いなどの基本方針を定め、民間のメーカー（日立・東芝・三菱）がアメリカのメーカーとの技術提携を行う仲立ちをすることでした。そして、従来からあった地域独占と総括原価方式という電力会社に有利な条件下、原発採用を電力会社に奨励したのです。むろん、低金利で資金を貸与し、優遇税制などで初期投資を手助けしました。原発立地をスムースに進めるため電源三法の交付金制度を成立させ、事故を懸念する住民対策としてエネルギー対策特別会計（緊急時安全対策交付金）や損害賠償基金を整備しました。まさに、電力会社にとっては「負んぶに抱っこ」の好条件であり、原発建設を急速に進める原動力になったのです。

いったん原発路線が動き始めると、通産省（現在の経産省）がエネルギー政策の責任部局、科学技術庁（二〇〇一年の中央省庁再編で文科省に吸収された）が原発技術の責任部局となって、官民が一体となって原子力開発を支えてきました。現在では、もっぱら経産省が原子力行政を牛耳り、原発の維持・推進に有利な施策を次々と打ち出しています。それらは、エネルギー基本計画、電力自由化における電力会社に有利な仕掛け、容量市場・ベースロード市場・非化石取引市場・不十分な発送電分離と託送料金の仕組みなどです。これらにはいろんな問題点が指摘できるのですが、ここでは省略します。いずれにしろ、国（経産省）が電力会社の後ろ盾となって原発推進路線を牽引しているのです。

原発立地場所選定の問題点

最初の輸入の後、原発そのものの立地、建設、稼働を民間企業が行うようになりました。原子炉メーカーの日立と東芝は、先行してGE（ジェネラルエレクトリック）と組んで沸騰水型（BWR）原発を、主として東日本（東京電力・東北電力）と北陸電力（志賀原発）・中国電力（島根原発）で建設を進めました。他方、三菱重工はやや遅れてWH（ウェスチングハウス）と組んで加圧水型（PBR）原発を、主として西日本（関西電力、中部電力、四国電力、九州電力）や北海道電力（泊原発）で建設を進めました。東芝はBWRで出発したのですが、海外でより人気があるPWRまで手を出そうとしてWHの原発部門を買収したのですが、巨額の隠し赤字を背負わされて倒産の憂き目にあったことはよく知られています。これら原子炉メーカーは、原子炉事故が起こった場合に何らの責任を問われないことになっています。しかし事故の際には、原発を稼働させている電力会社とともに、設備の不全さが問われる可能性がある原子炉メーカーも連帯責任を持つべきではないでしょうか。さらに問題に応じて、原発工事を請け負ったゼネコンや電機会社に対しても企業責任を追及する必要もあると思います。

原発立地場所の決定から建設・稼働までは、原発事業を行う電力会社が受け持っています。電力会社は立地場所を地図上で決定し、まず密かにその地域の長老や有力者を札束で引き込んで土地を押さえるのが通例です。そして、一般住民が気づいたときにはかなりの土地が既に買い占められていて、周辺の土地もやむなく売らざるを得ない状況に追い込まれるのです。そのような手順で原発立地が進められていますから、原発建設の適地であるかどうか、わからないまま土地の収得が先行して進められている、という問題があります。これが将来に禍根を残すことになることが多くありました。というのは、以下のような事情があるからです。

原発は原子炉を冷却する海水を使用するため海岸縁に建設されるのですが、

①原子炉を据えるしっかりした地下岩盤が比較的浅い地盤にあること：津波の来襲を考えるとなるべく高台に原子炉を設置したいため、
②原発敷地内の地下水の量が多くないこと：地下水が多いと原子炉建屋の水圧による浮沈に影響するため、
③液状化しやすい地盤ではないこと：地震で土地の液状化が起こると配管・配線、建屋や原子炉の設置に悪影響を及ぼすため、
④資材搬入の港を建設のための条件がよいこと：地下の岩盤が浅く大きく広がっていたり、遠浅であったりすると港建設が困難となるため、
⑤立地場所に活断層が存在していないこと：過去一二万年から一三万年前までに活動した断層が原子炉敷地の真下にあれば原子力規制委員会から建設が許可されないため、
というような条件があります。

しかし実際には、これだけ多くの条件をクリアしているかどうかを見極める以前に、土地の取得しやすさから原発立地場所が決定されているのが現実なのです。だから、福島原発では地下水が非常に多い上に、港建設のために地下岩盤を削らざるを得なかったために高台に原発が建設できなかった、という欠陥立地になったのです。また、柏崎刈羽原発では地下水の豊富さとともに液状化しやすい土地だと指摘されています。原発敷地に活断層

があるらしいことが、後になってわかったという原発が多くあります（敦賀原発、東海第二原発、泊原発、志賀原発など）。原発の建造には、建設・土木・電気工事・配水管など全体を差配するゼネコン（とその下請）の関与が不可欠です。だから、電力会社とゼネコンは互いに持ちつ持たれつの関係にあり、活断層の有無・地下水の量・液状化しやすい地盤などについて、ゼネコンも多くのデータを持っているはずです。だから、それらの欠陥が指摘されたり、現実に事故が起こったりした場合には、建設に当たったゼネコンも当然連帯責任を負わねばなりません。つまり「民営」の部分は、直接の事業者である電力会社のみならず、原子炉メーカーやゼネコンまで幅広く設置責任を負っていることを法律的に明示する必要があるのではないでしょうか。

なぜ原発が止められないのか？

単純に言えば、原発建設の初期投資は莫大だが、いったん稼働し始めると、発電量が多い上に燃料の補給が不必要で比較的運転経費が安いために儲けが大きく、長く運転を続ければ続けるほど収入は莫大なものになることです。これが電力会社として原発を止められない理由であり、こうして原発で稼いだ金が政治家や財界に流れ、マスコミや専門家を買収し、官僚には関連会社への天下り先を提供するなどして原発応援団である原子力ムラを構成してきたのです。一〇〇万キロワットの原発が、一年で約一〇〇〇億円（一日で三億円弱）の売り上げがあるのに対し、一年間の運転経費は燃料代や人件費や雑費を含めてもせいぜい一〇〇億円くらいでしょう。これだけの儲けがあるのですから、電力会社は原発を可能な限り長く運転したいと望むのです。

また、電力会社には「総括原価方式」という、すべての経費（発電費・送電線維持費・人件費・立地自治体への協力金・新規発電所の建設費・既存発電所の改修費など）を算出し、その合計額の三から五％の利益を上乗せした予算となるよう、消費者から徴収する電気代を算出していました。支出が増えるほど、利益が増えるのです。この方式が電力会社の経済を裕福にしていました。電力の自由化が不十分ながらも進む中で、総括原価方式は見直されつつありますが、送電線を電力会社が押さえていて「託送料金」に儲けを転嫁する方式に変わりつつあります。いずれにしろ、電力会社は経費が増える程儲けが大きくなる構造を経産省が認めてきたのです。

もう一つ、原発を持つ電力会社を優遇しているのは、日本では使用済み核燃料にはプルトニウムや燃え残りウランが含まれているとして、それが廃棄物ではなく「資源」として価値を与えていることであります。そのため、使用済み核燃料の全量を再処理する建前が今も続けられています。つまり、ウランを燃やした廃棄物は資源になるわけですから、原発の燃料費は原則的にはタダなのです。だから、見かけ上原発の一キロワット当たりの発電経費が安くなっているのです。再処理を止めたら、使用済み核燃料は「資源」から厄介な「ゴミ」になってしまうので、再処理の看板を下ろすことができないのはこのためです。

さらに原発を止められない理由として、原発立地自治体の根強い「原発依存症」を指摘しなければなりません。電力会社が原発の立地場所に選ぶのは、都会から遠く離れた過疎地で、土地代が安くて広い面積を安価に手に入れられる海岸縁の土地であります。まず地域の有力者や古老を密かに買収して広大な土地を抑え、身動きならぬようにしてから公然化するという手口は先に述べた通りです。立地が決まると、地元には電源三法によって金をばらまき、原発立地振興費を措置し、原発施設ができると固定資産税が入ります。さらには電力会社の補助金や協力金・寄付金も入るというわけで、立地自治体は一気に裕福になります。そうなると原発様々で、原発関連収入で自治体財政が豊かになり、学校や各種の施設を整備することができるわけです。原発を引き受けただけで金が入るのだから怠け者になり、新たな村おこしに取り組む意欲が失せていきます。そのうち電源三法の金が切れ、固定資産税が年々減少していくのに対し、豪華に建てた施設の維持費の負担が重くなり、自治体の財政はどんどん窮屈になっていくことになります。そうなると、頼るのは原発しかなく、もう一基増設しようということになるのです。つまり、原発という麻薬に取りつかれると依存症になり、原発と一蓮托生になってしまうわけです。

もう一つ、原発を止められない理由として、保守政治家の「将来の核兵器開発のために原発を稼働させておく必要がある」という隠然たる圧力があります。日本は、原発の使用済み核燃料を東海村再処理工場（現在は閉鎖）と英仏に再処理委託して得たプルトニウムを、総計で既に四七トンも所有しています。プルトニウムは六から八キログラムで原爆一個ができるのですから、これだけで既に六〇〇〇個以上の原爆材料を持っていることになります。従って、プルトニウム製造のための原子炉を持つ必要はなく、原発がなくなっても原爆を所有する能力は変わらないのです。それが、日本が大量にプルトニウムを所有していることに対して、諸外国が日本の核兵器開発への疑惑の眼を向けている理由となっています。私の推測ですが、日本が原爆を持とうと決めて、兵器級の純度の高いプルトニウムとする工場や核兵器製作工場を建設して、人材を投入すれば二年で核兵器は作れるのではないでしょうか。こう考えると、もはや原爆製造のために原発を稼働させ続ける理由はないのです。

核燃料サイクルの問題

六ケ所村には、日本原燃が経営するウラン濃縮工場、低レベル放射線廃棄物埋設センター、使用済み核燃料再処理工場、高レベル放射性廃棄物貯蔵管理センター、MOX（混合酸化物）燃料加工工場、使用済み核燃料貯蔵施設、と六つの工場・施設がセットとして建設されています。その全体が六ケ所核燃料サイクル基地なのです。施設を分類すると、ウラン濃縮工場とMOX燃料加工工場は原発の上流側（稼働のための燃料製造）の施設で、使用済み核燃料をいったん貯蔵・保管してから再処理工場で再処理し、その過程で出てくる高レベル廃棄物と低レベル廃棄物をそれぞれ貯蔵・埋設するので、残り四つの施設は原発の下流側（稼働後の廃棄物処理ため）の施設になります。

これらの施設のなかで国が最も力を入れている中心施設は再処理工場でしょう。年間八〇〇トンの処理能力を謳って一九九三年に着工し、使用済み核燃料の全量再処理を目標とし、全国の原発から使用済み核燃料を集積してきました。一九九七年に竣工予定でしたが、その後数々のトラブルや事故に見舞われ、現在（二〇二四年夏）二七回目の稼働延期中です。建設費は当初八〇〇〇億円程度の予算であったのですが、今や完成までには一四兆円以上に膨らんでいます。さらに、プルサーマル（プルトニウムを混ぜた核燃料を使う）原子炉に使用するＭＯＸ燃料の加工工場の建設に四兆円以上かかっており、通常の燃料に比べＭＯＸ燃料は一〇倍以上の値段の上、その再処理も容易ではないとされています。プルサーマルの先行きも前途多難なのです。

再処理工場では、使用済み核燃料をいったん化学物質（硝酸）で溶かして核を種類ごとに分離して、プルトニウムと燃え残りウランを取り出し、残った溶液は濃縮してキャスク（使用済み核燃料の輸送容器）に閉じ込めて保管することになっています。再処理工場は核施設ではあるとともに巨大な化学工場で、莫大な放射性物質（核）を扱うとともに、大量に出る（化学）廃液はＡＬＰＳ（多核種除去システム）を用いて放射性物質を取り除いて浄化処理するとしています。しかし、トリチウムは取り除くことができず、海上投棄する予定の処理水には、通常の原発や福島事故で発生している処理水のトリチウム量より桁違いに多く含まれます。またＡＬＰＳで用いられるフィルターは吸着力が下がると取り替えなければならず、その廃棄物も莫大な量になるでしょう。それを節約しようと吸着能力が落ちたフィルターを使い続けると、放射性物質を多量に海に流すのと同じになります。再処理して最後に残るのが高レベル放射性廃棄物で、この最終処分方法や処分地は未定であり、まさに「トイレ無きマンション」で汚物にまみれた核施設になりかねません。

なお、再処理工場が稼働しないため、全国の原発からの使用済み核燃料の六ケ所村への搬入は現在中止となっています。そのため、各原発は敷地内で保管せざるを得ず、数年のうちに保管場が満杯になることは確かです。そこで、必要性が強調されるようになったのが使用済み核燃料をいったん（臨時的に）保管する「中間貯蔵施設」です。むつ市に東京電力と日本原子力発電（日本原電）が合同で出資する「リサイクル燃料備蓄センター」と名付けた施設が作られました。使用済み核燃料は再処理（リサイクル）して資源として使う建前なので、このような施設名としたのです。また、山口県上関で中国電力と関西電力が合同して中間貯蔵施設を建設する計画が発表されました。上関では中国電力と地元住民の間で、原発建設問題で長い間対立状態が続いてきたのですが、中国電力は原発より手軽に建設でき、かつ使用済み核燃料の保管所を緊急に必要とする関西電力を誘って、中間貯蔵施設建設に切り替えようとしているのでしょう。九州電力玄海原発では敷地内に最終処分場を建設する候補地として手を挙げました。このようなニュースを聞けば、いよいよ使用済み核燃料の始末に直面する時期が近づいていることがわかります。最終的にどうなるか（再処理できるのか、直接地下処分するのか）見当がつかないので、とりあえず（中間的に）貯蔵しておこうというわけです。結局、最終処分が未定なまま、中間ではなく最終貯蔵地になってしまうのではないでしょうか。

なぜ核燃サイクルは止められないのか?

いったん動き出した大型公共事業は、当初の目的が達成できず、それ以上に害の方が大きいことが予想されても、止まらず突っ走ってしまうことを繰り返してきました。世界中で起こっていることで、有名なのが「コンコルドの誤謬」です。イギリスで、超音速機コンコルドが開発されたのですが、当初から機体を大きくできないから多人数が輸送できず採算が問題になり、オゾン層を破壊するとの警告もあったのですが強行されました。開発者たちは、これまでに投資した金がもったいないとして、中止の選択に踏み切れなかった(それが誤謬)のです。案の定、赤字が膨れ上がる一方となってついに倒産したのです。

日本における公共事業が止まらないのも、これまで投下した資金がもったいないとの理由が多いのですが、さらにそれ以外の「構造的問題」が多く絡んでいます。核燃料サイクルもその一つで、止められない理由を列挙しておきましょう。

①核燃料サイクルは膨大な経費が必要であることから、九つの電力会社と日本原電および七四もの関連会社が出資した日本原燃の経営ですが、出資企業の思惑がさまざまにあり、利権が絡みあって、一致して撤退路線が採れないのです。

②国策として使用済み核燃料の全量再処理を既定路線としており、再処理は核燃サイク

ルの要ですから止められず、従って核燃サイクル自体も止められないわけです。
③使用済み核燃料は再処理すれば資産として再利用することになっており、再処理費用が高くつくほど資産価値も高くなるので電力会社の採算を助けることになるのです。
④各地の原発に対して、使用済み核燃料貯蔵施設が使用済み核燃料を引き取って再処理に回すと約束しているため、今さら反故にできないのです。他方で、再処理を止めるなら、青森県はこれまで引き取ってきた使用済み核燃料を、各原発は持ち帰るべきと主張しており、それができないことが再処理が止められない理由となっています。
⑤再処理工場が稼働しないため、六ケ所村の使用済み核燃料貯蔵施設は満杯になってもはや引き取ることができなくなっており、各地の原発はその置き場に苦労しているのが実情です。その上、いったん預けている使用済み核燃料を持ち帰れと言われれば、もはや収容する場所がないことから、とりあえず再処理を行うという建前を維持しておこうというわけです。
⑥電力会社は、出資している核燃料サイクルが赤字で借金しても、総括原価方式で電気代に転嫁できるので、経費については別に困らなかったのです。
⑦核燃サイクルの各工場には電力会社や関係企業からの出向者が多く、二年から三年で元の職場に戻るのでプロジェクトリーダーが定着せず、核燃サイクルの実態を知り、真剣

にその将来を考えている人間がほとんどいないのが実態なのです。

⑧経産省資源エネルギー庁の官僚は数年おきに異動があり、前例主義で以前から採用している政策を変えようとしないから、そのままいつまでも続くのです。

以上のように、撤退に対してどのような手を打つべきかの妙案がないまま、核燃サイクル事業は誰も止めることができず、行きつくところまで行くしかないのではないでしょうか。その行きつくところとは、再処理工場は動かず、持ち込まれていた使用済み核燃料は山積みされたまま放置される一方、各地の原発の敷地にも使用済み核燃料が累積し、中間貯蔵施設も満杯になって、核のゴミが溢れるような状況に追い込まれるということです。

そのような事態にまで追い込まれる前に、

①これ以上廃棄物を増やさないよう原発の稼働をストップし、

②まず使用済み核燃料の全量再処理路線を放棄して直接処分を可能とする方針を採用する、

③廃棄物の最終処分をどうするかを国民が真摯に議論する機会を数多く持ち、

④国民全体のコンセンサスを形成して処分案を策定し実行していく、

という方策をひとつずつ実行していかねばなりません。しかし、政府のどこからもそれを言い出す気配はなく、このまま無責任に放置され続けるのではないでしょうか。

このまま行けば……

日本の原発行政は、国・官僚・原子力機関・電力会社・立地自治体そして司法のいずれにも共通する無責任体質から逃れられず、それに引きずられて無策のまま、坂道を転げ落ちていく状況にあると言わざるを得ません。世界の潮流は原発から再生可能エネルギーへと転換しているのに、日本は二周遅れのランナーのごとく、ひたすら原発・再処理・核燃料サイクル路線という「けじめなき」トラックを走り続けているのです。このまま行くとどうなることでしょうか。

今、福島事故が、たいした事故ではないかのように小さく見せかけ、事故炉は四〇年で処分できると宣伝して人々に原発の危険性を忘れさせる一方、原発の積極推進を目指すGX政策を推し進めようとしています。福島では、イノベーションコースト構想のような中央資本による地域収奪の動きが進むとともに、地元住民への賠償や避難・被ばくなどに絡んで人々の分断が進み、放射能のことを口にできない状況になっています。これが「復興」なのです。まさに「惨事便乗型資本主義」の典型で、ナオミ・クラインの『ショック・ドクトリン』の具体例を見ている感じがします。新自由主義の下、規制緩和によって中央による地方の搾取が進み、貧富の格差が増大するのを当然とし、それが資本主義の発展であるというわけです。しかし、このまま野放図に新自由主義の横暴を許せば、数十年後には福島では見かけ上の繁栄は終わって大資本は早々に撤退する一方、除染物の中間貯蔵施設や未処分のままの事故炉や廃棄炉が残され、無人の荒野のみが残されることになるのではないかと懸念しています。

じつはこのような趨勢は福島のみのことではありません。原発路線がこのまま推移すると、今後老朽原発ばかりとなり、いずれどこかの原発が金属疲労で壊れて大事故を起こすのではないかと心配されます。原発は六〇年も前の技術で製造された設備を使い続けようというわけですから、それがいかに危険であるかは、六〇年前に製造された飛行機を乗り回している光景を思い浮かべれば容易に想像できるでしょう。老朽原子炉の差し止め訴訟で、福井地裁の判決では「いつ原子炉が破壊されるかを立証すべき」ことを住民側に求めていました。現在の知識では、壊れる時期が立証できるのは壊れたときなのです。裁判官は壊れるときまで待てと言っているのと同然と言えるでしょう。このまま老朽原発を使い続ければ、私たちはそれが破壊される最悪の事態を目撃することになるのです。

日本の小型原発の二四基は廃炉が決定していますが、やがて一〇〇万キロワット級の大型原発も、事故を起こさなくとも三〇年後にはさすがに引退の時期を迎えるでしょう。心配されることは、電力会社は、廃炉という利益にはつながらない作業に積極的に取り掛かるだろうか、ということです。経産省の電力会社優遇の方針はいつまで続くかわからず、世界の潮流である電力の自由化はもっと進むでしょう。そのように電力会社にとって今後厳しい状況が昂じていく中で、原子炉一基に三〇〇～五〇〇億円はかかる廃炉作業に熱心に取り組むか疑問を持ってしまうのです。たとえ行っても安くあげるために手抜きをしたり、放射線管理が杜撰《ずさん》であったりする可能性があります。最悪を考えると、文字通り「後は野となれ山となれ」とほったらかしにして、原子炉は「危険物　接近禁止」と書かれたあばら屋内に放置され、敷地は放棄地になって立ち入り禁止の札がぶら下がっている、そんな事態になりかねません。経産省に甘やかされてきた電力会社ですから、これは悪夢ではない可能性があるのではないでしょうか。

他方では、核燃料サイクルのような一〇兆円を超えるプロジェクトになると、政界・財界・官界各々の利権が強く絡んでおり、このまま一蓮托生で政策が変更されることなく究極まで進むのではないかと懸念されます。誰も責任をとらないまま巨大な負債と錆びついた工場群が残され、使用済み核燃料が山積みされたまま放擲《ほうてき》されかねないのです。そんな最悪の状態が心配されるのですが、さてどのような手を打つべきか、それを誰が進めるのか、妙案がないことがより深刻かもしれません。

まとめると、無責任な日本の原子力行政・原発事業・地域の現状などを考え、このまま行けば原子力の残骸が日本列島のあちこちに放置され、死屍累々の惨状を示すことになるのではないか、ということです。それを避けるためには、とりあえず全原発の停止、再処理路線の放棄、核燃サイクルの中止・サイクル基地の解体、高レベル放射性廃棄物や使用済み核燃料の最終処分法の検討、などひとつひとつを具体的に進めねばなりません。それには、各テーマごとに研究会・討論会を組織してあるべき姿を検討し、それらを全体として統合した「原子力問題検討委員会」を国の責任で設置し、根本的な方策を検討することが第一だと思われます。その委員会は内閣も口出せない完全な独立委員会であらねばならず、実行部隊を持った「世直し機関」とならねばなりません。さて、これらが可能でしょうか。

今後の私たちの心構え

今述べた「原子力問題検討委員会」はいずれ実現すべき課題ですが、当面している矛盾に対し、何が問題であり、どうあるべきかについて、私たちは、以下のような点に注意を払いながら、具体的に問題提起をし続けていかねばなりません。

①「放射能安全神話」に騙されないこと

原発の安全神話は誰も言わなくなったものの、現在では放射能安全神話が拡がりつつあります。少しぐらいの放射線に被ばくしてもたいしたことはないから気にしないでよい、との言説です。福島事故を軽く見せるために流布され、子どもたちの甲状腺がんの多発の否定にも使われています。微量放射線被ばくによる健康被害は遅効性であり、発病したときには被ばくが原因と断定できないのですが、実際には放射線が原因であることが多いのです。従って、私たちはなるべく人工放射線を浴びないよう注意し、周辺の人々とも放射線の危険性についてよく理解し合っておく必要があります。放射線には許容量はなく、どんなに微量でも発病する可能性があるのです。自然放射線（岩石やコンクリートから出る放射線や宇宙から降り注ぐ宇宙線）を日常的に浴びているのだから大丈夫という宣伝がなされています。しかし、実際には自然放射線の被ばくに起因する病気も生じているけれど、はっきりと因果関係が証明できないだけなのです。自然放射線だからといって安全であるわけではないことを押さえておく必要があります。

ところが、福島では放射能のことはタブーとなって話題にできず、被ばくによる体調不良や病気を隠すようになっているそうです。そのことが結果的に放射線安全神話につながっています。また、野菜に含まれるカリウムからの放射線は人類の先祖代々から口にしているから、人間の体はそれへの防御（カリウム・チャンネル）ができているから恐れるに足りない、と言う人もいます。本当にそうでしょうか？　やはり一定の被害を及ぼしていると考えるべきです。また福島原発の汚染水問題で、政府がトリチウムは放出エネルギーが小さいから心配する必要はなく安全と言っていますが、そうではありません。確かにトリチウムは核分裂反応で生成された放射性セシウムと比べて、放出するβ線のエネルギーは低いので外部被ばくでは心配しなくてよいでしょう。しかし、吸い込んだり、食べ物と一緒に摂取したりして被る内部被ばくによって体内の細胞に入ると、遺伝物質であるＤＮＡの鎖を壊すのに十分大きなエネルギーを持っているので危険なのです。一般に「安全、安全」とやたらに強調するのは安全でないことを隠すためと思った方がよいと思われます。

②原子力依存体制からの脱却の声を挙げること

原発はクリーンであるとか、地球環境に優しいエネルギー源だという宣伝がなされていますが、そうではありません。原発が通常運転で作り出す放射性廃棄物の危険性は二酸化炭素の比ではないし、いったん原発が事故を起こして環境に放射性物質が拡散したら、たちまち人が住めなくなるのです。人々は、煙突からモクモクと出る煙を見て二酸化炭素の害悪を思い、地球温暖化は二酸化炭素の温室効果によると理解していますが、放射線は目に見えないが故に危険性を甘く見てしまう傾向があります。再生可能エネルギーこそクリーンで環境にやさしいにもかかわらず、すぐに間に合わないと独断的に切り捨てています。そして原子力は安いと宣伝されるのを信じてしまうのですが、実際にはそうではありません。発電経費に放射性廃棄物の処分費用は一切含まれておらず、事故が起こった場合の補償も計算の対象外であって安く見せかけているのです。また、再生可能エネルギーは不安定で頼れないといった宣伝を鵜呑みにして、エネルギーの安定供給なら原発との誤解も根強くあります。しかし現在では、さまざまなエネルギー源（天然ガス、ジーゼル、石炭、太陽光、風力など）を組み合わせ、コンピューターによって蓄電した最適なエネルギー源を刻々と選択することができるようになっています。従って、原発をベースロード電源（基本的な一定量を賄う電源）とする必要はなく、安定供給の原発という先入観は時代遅れなのです。

③広く国民が参加した合議体制の提案

最後に、原発に絡んで核燃料サイクルにどう終止符を打つかとか、高レベル放射性廃棄物の最終処分をどうするかとか、事故炉や廃炉をスムースに進めていくために何が必要であるかというような、すぐには答えが出せないが、いずれ必ず何らかの方針を明確にしなければならない課題がいくつもあります。そして何より、日本の長期のエネルギー計画はどうあるべきかのような日本の将来の根幹をなす課題について、国民全体のコンセンサスを確立する必要があるのではないでしょうか。先に述べたように、このまま何もしなければ、結果的に日本は原発路線を突っ走った挙句、そのまま累々たる原発施設の残骸が放置されてしまうことになりかねないのです。そんな議論は政治家に任せておけばいいとは言えません。現今の政治家は近視眼的で長い先のことを想像することができず、何より責任を持って日本の将来を展望する気概も実力もない状況ですから。

ドイツにおいて、個人と社会に関わる倫理・社会・科学・医療・法律における諸問題について「倫理委員会」を設置し、専門家とともに教育者・弁護士・マスメディアなど広い領域の市民から選出された人々が議論し決議していることが参考になるのではないでしょうか。特に、『脱原発倫理委員会報告』において「社会共同によるエネルギーシフトの道筋」を発表し、原発の全廃を提案しました。ドイツでは原発問題を、人間同士の、人間と社会の、現世代と未来世代の、それぞれの間で共通認識を持つべき「倫理」に関わる問題として捉えてきたのです。そもそも反倫理的な「押しつけ」の要素（過疎地への原発立地の押しつけ、必然的に生じる被ばく労働の押しつけ、未来世代への廃棄物の押しつけ）を持つ原発に安易に寄りかかってはならないとの意識もあったのだと思われます。

これに見習って、日本でもさまざまな世代や職種や社会階層の人々が、原発に関連する課題について分科会や分散会等を開催し合議することを提案したいのです。先に述べた課題には簡単には答えが出せないことは明らかですが、何がネックになって合意できないのか、どのような方向の解決策が考えられるか、それを阻むものは何か、など具体的に、きめ細かく議論を重ね、それを全国の人々と共有する中で、多くの人々が納得する案に煮詰めていくことが大事ではないでしょうか。時間をかけてゆっくり練り上げればいいのです。即断即決の現代においては、そんなやり方は通用せず、意味がないと言われるなら、「何をかいわんや」なのですが……。

第6話
科学者と戦争
軍事化する日本と科学の動員

二〇二四年五月一一日　日本科学者会議 大阪支部 定期総会

軍事化する日本

今回の話は「軍事化する日本と科学の動員」と題しています。「科学の動員」という意味は、科学そのものの軍事に対する動員、及び軍事研究に従事する科学者の動員という、二つの意味を込めて「科学の動員」ということにしました。

アジア・太平洋戦争に大敗北して、戦後の日本は平和主義の憲法を発布し、軍事に金をかけず、経済の復興を優先する方針を掲げて再出発しました。以降、防衛力整備計画などによって軍事力の増強をしてきたのですが、あくまで防衛予算はGDP（国内総生産）の一％を保ってきました。専守防衛で比較的軽装備とし、経済力を強化するための政策を優先する政策です。「軽薄短小」の技術である電気・電子・通信・情報機器などで世界の最先端を歩む一方、「重厚長大」の技術である鉄鋼・機械・自動車・造船などにも力を入れてきたのでした。その結果、一九九〇年代になるとGDPはアメリカに続く世界第二位となり、「ジャパン・アズ・ナンバーワン」と呼ばれるくらい経済成長を遂げました。敗戦国であり、領土も狭く資源もほとんどない日本が、もっぱら平和産業のみで経済的発展を成し遂げたことから、アジアやアフリカのいわゆる開発（発展）途上国が日本を手本とし目標とするようになったのです。日本が今まだかろうじて世界のテロ集団の標的になっていないのは、このような軍事力に頼らない平和主義の下で経済成長を成し遂げた国として、尊敬し評価されてきたためと言えるでしょう。

しかし、一九九〇年代半ばから日本は経済のバブルに浮かれて改革を怠り、先行きを見通した戦略を打ち立てないまま現状維持の状態が続きました。いわゆる「失われた三〇年」の始まりで、世界をリードしてきた電気・電子・半導体などの技術では韓国や台湾に抜かれて水をあけられ、ＩＣＴ（情報通信技術）ではアメリカに先を越され、重厚長大産業はインドやブラジルに追い抜かれる状況になってしまったのです。現在、世界をリードしているのは自動車産業くらいでしょうか。

このような経済の停滞を招いている日本において、かつては禁じ手であった軍需生産・武器輸出で産業の再生を図ろうとする動きが強くなっています。それに合わせて、専守防衛から敵基地攻撃能力へと安全保障政策を大きく変更し、平和憲法を持つ日本であるにもかかわらず、軍事力拡大（軍拡）を推し進める状況です。その背景にはロシアのウクライナ侵攻があり、同じように日本が他国に侵略されないために「軍事的抑止力（軍事力で敵の侵略を思いとどまらせる）」で国を守るという論調が政治で声高に語られ、それに同調した国民も過半数が軍拡を支持するようになっているためです。二〇二二年に閣議決定された安全保障関連三文書（『国家安全保障戦略』『国家防衛戦略』『防衛力整備計画』）において、軍拡（ナショナル・セキュリティ）の具体的内容が展開されています。その概要は既によく知られているように、

①五年後の二〇二八年度から年間の防衛予算をＧＤＰ比二％（約一一兆円）とする（世界第三位）、

②その前段階として二〇二三年から二七年の五年間の防衛費総額を四三兆円とする、

③敵基地攻撃能力（「反撃能力」と言い換えている）を保有する、

④一〇年先までに早期・遠方で侵攻を阻止し排除する防衛体制を確立する、

の四点が眼目です。日本は軍事大国に転換しつつあると言わねばなりません。

安全保障戦略の四つの弱点

こうして、いかにも華々しく打ち出された安全保障戦略ですが、注意深く読めばそこには弱点があることが読み取れます。それらは日本の軍拡路線のアキレス腱になる可能性があり、この弱点を衝く活動をすることが軍拡を阻止する力となると思っています。私が挙

げる弱点とは以下の四点です。

①まずは食糧の安全保障の脆弱性です。食料自給率（カロリーベース）三八％の日本では、いざ戦争となって食料の輸入が途絶えたら、直ちに人々は飢えに直面します。そのことは『国家安全保障戦略』においてもはっきりと書かれているのですが、どうすべきかについては何も述べていません。対策を迫られた農水省は大急ぎで「農業基本法」の改訂を進めましたが、食糧の輸入路線は変わらず、逼迫した事態になれば自力で生きていける体制を組むと言うのみです。私は、「兵器山積して国民飢える」と言っています。

②日本には五四基の原発が建設されており、いざ戦争となれば「敵国」のミサイルによる原発への集中攻撃を受けて、日本列島は放射能汚染で壊滅させられる危険性があります。防衛省はミサイル防衛網で対応するとし、攻撃を受けた場合の演習訓練の必要性を言うのみです。ミサイル防衛では、次々襲い掛かってくるミサイルを防ぎきれないことは明らかです。原発は「戦争時の自爆する核兵器」になることを忘れてはいけません。まさに「軍拡と原発は両立しない」のです。

③自衛隊のセクハラ・パワハラ体質が根強く、これによって辞める自衛隊員が多く、定員数を下げてもなお隊員不足が続いています。元々、軍隊では下級兵は上級の将兵に絶対服従する封建的な体質が当然とされ、上等兵の意向は理屈抜きに従わねばなりません。そ

うでなければ軍の秩序が保てないのです。だからパワハラは当然なのです。さらに、現在の兵器体系では遠隔操作が多くなっているため、防衛省は女性隊員を増やす予定なのですが、勇気ある女性元自衛隊員の告発でセクハラ体質が横行していることも知れわたってしまいました。軍隊は隊員の人権などは無視し、力の強い者が威張るマッチョな体質が通例の社会であり、これに由来するパワハラ、セクハラがある限り隊員不足が解消されないのは当然と言えるでしょう。

④四つ目は、軍需生産からコマツや住友重機などのような有力企業が撤退する動きが顕著になっていることです。このことは防衛省が意のままに利用できる企業が減少することを意味し、安全保障戦略推進にとって大きな弱点になります。撤退の理由として、防衛省がアレコレ細かな注文を付ける割には儲けが少なく、製品は特化されていて民生転用できず、アメリカから言い値で爆買いしているのに日本の企業には金銭対応は厳しく、防衛省は「親方日の丸」の上から目線だから対等な商売関係にならない、というようなことが挙げられています。さて、現在の「軍拡バブル」で防衛省が金満になって、企業を優遇するようになるのでしょうか。

ところで、「軍事化が進む日本」という状況は、もう皆さんが当然感じておられるとおりで、次々と軍事拡大の政策が通っています。安倍内閣の時代から安全保障が強調され、軍拡が進んでいましたが、特に急速に進むようになったのは、ロシアのウクライナ侵攻が契機になったと思われます。その中で強くなったのが、「軍事的抑止力で国を守る」という名目の軍拡です。軍事力を持つことによって、敵が攻めて来られないように抑止するという考え方です。

軍拡の三つの要因

このような「軍事力増強・軍拡を煽る三つの要因」があると、私は思っているのですが、それは以下の三点です。

一点目は、政治家の煽動、主に自公政権が「軍拡」を煽っていることです、維新とか国民民主とか、そういう政党も拍手を送っていますが、政治家たちの多くが、国民を先導（煽動）して国家の軍事化を推進しているのです。かれらはあまり露骨には口に出して言いませんが、ロシア・中国・北朝鮮を仮想敵国にしています。そして中国が台湾をいずれ併合するだろう、その時には戦争が起こる、日本も巻き込まれる、ということを盛んに言うわけです。これは、基本的にはアメリカがそのように背後からけしかけている、思い込ませているという側面があります。中国の台湾併合論を吹聴し、それを日本への脅威として、軍事力を強化しなければならない理由にしているのです。

二点目は、軍需産業の誘導と圧力です。一般に、いろいろな兵器を防衛省が必要性を主張する背後には、日本の軍需産業とアメリカの軍産複合体がいて、それらがロビー活動をして盛んに新たな武器を売り込んでいることがあります。例えば、ミサイル防衛体制を強化して先制攻撃能力を反撃能力と呼んで敵基地攻撃能力を獲得する、そういう戦略を軍需産業がそそのかしているのです。現在のウクライナ戦争やイスラエルの軍事攻撃においてアメリカの軍産複合体が大儲けしていることはよく知られています。かれらは〝戦争を終わらせてはならない〟という圧力をかけているという状況で、まさに軍需産業がウクライナ戦争やイスラエルのガザのジェノサイド攻撃をけしかけているというわけです。かれらは戦争が続くのを歓迎しているのです。ミサイル防衛体制について付け加えますと、アメリカは敵基地攻撃用の長距離の攻撃ミサイルを売り込むと同時に、攻撃されたら受けて立つ迎撃ミサイルもセットで売り込んでいます。攻撃用と迎撃用のミサイルを両方セットで売り込む、こんな軍産複合体にとってうまい商売はないわけです。

三点目は、私が非常に心配し、懸念していることなのですが、国民の武装自衛論が非常に強くなっていることです。国民の多くは「戦争には反対する」とは言うのですが、「自衛しなければならない」とも言います。武装自衛論で、自分を守るための武器は持つというのです。つまり「攻められたら」という脅威に対して、われわれも武装して軍事力で守ろうというわけです。そういう声がどんどん強くなっていて、世論調査によると、軍事力を強化して自衛するという意見（軍事的抑止力論）が過半数を占める、という状況になっています。この軍事的抑止論に立つ自衛論は、「専守防衛」を打ち捨て「敵基地攻撃能力」になりましたが、今後は自衛のための「先制攻撃」ということになっていくのではないでしょうか。私はこのような、国民の武装自衛論が高まっているということも、軍拡を煽る三つの要因の一つではないかと思っているのです。軍事力増強によって「国を守る」という姿勢は、憲法の本来の趣旨だろうか。そして私たち自身が実際に武器を手にして国を守るのだろうか、ということに私は疑問を持っています。結局アメリカに依拠した自衛論であり、こういう流れに抗していく必要があると思っています。

軍事研究について

安全保障技術研究推進新制度

今、いろんなところから軍事研究のための金がたくさん出始めており、科学の世界で軍事に絡むプロジェクトが進みつつあるということをお話ししたいと思います。

まず国家予算によって推進する国家公認の軍事研究である「安全保障技術研究推進制度(「安保技研制度」と略称する)」が、安倍内閣時代の二〇一五年に発足しました。これは公的予算による軍事研究のための競争的資金で、防衛装備庁が公募し、それに対し大学等が応募して採択研究者に資金が提供されるものです。委託研究ですから、防衛装備庁から研究者に研究委託するという形を取っています。ただし、この制度の非常に重要な特徴は、研究者個人が応募するのではなくて、大学等の組織の長が応募することです。大学なら大学の学長が応募するという仕組みなのです。要するに、組織ぐるみで軍事研究を行うという体裁をとっているのです。

そして、二〇一五年度の公募要領では、「将来の防衛装備品の開発のための芽出し研究である」と、はっきりと防衛装備品の開発のための研究ということを打ち出していました。防衛装備庁という省庁の業務目的は防衛装備を調達するところですから、当然そう書く必要があったわけです。

しかし、二〇二一年度から、その書き方が変わって、「防衛分野での将来における研究開発に資するため、先進的な民生技術についての基礎研究を公募・委託する」という文言になりました。防衛分野で、将来における研究開発に役立てるために、先進的な民生技術に関する基礎研究を公募・委託する、という実にソフトな言い方になったのです。また、二〇一五年度には、「有望な研究については、防衛省が引き取って開発し、活用する」と装備品開発に転用することが露骨に書いてあったのが、二〇二一年度からは「防衛装備品を目指した応用研究や開発は防衛装備庁が自ら行う」と、転用とは切り離しているかのような文言になりました。このように二〇一五年から二〇二一年へと募集の文言が巧妙に変わっていることがお分かりだと思います。要するに、二〇一五年は、まさしく防衛装備品そのものの開発のための研究であったのですが、二〇二一年からは防衛装備品そのものの開発は防衛装備庁が行うから、皆さんは基礎研究を行ってくださればいいのですよ、という印象を与えるようソフトな言い方に変わっているのです。これで大学や研究者はぐっと惹かれたわけです。

この防衛装備庁の制度に対して日本学術会議が二〇一七年三月に、「軍事的安全保障研究について」という声明を出しました。「軍事的安全保障研究」とは、軍事研究のことです。「安全保障」には食料の安全保障があり、人間の安全保障があり、いま問題になっている経済安全保障がある、というふうに「安全保障」にはさまざまな側面があります。軍事的安全保障というのは、「軍事力による安全保障の実現」ということですから、軍事研究そのもののことなのです。

この声明で軍事研究の最重要基準として「研究資金の出所」を挙げています。そもそもの軍事的安全保障研究の出発点において、この研究の成果は、「科学者の意図を離れて軍事目的に転用されうるため、研究の入り口で慎重な判断が求められる」と声明で言っているのです。要するに、果たして軍事装備品としてどのように使われるか分からないまま、防衛装備庁の金で研究開発を行っていいのか、ということです。「将来の装備開発につなげるという目的」であることは、防衛装備庁がはっきりそう言っています。

また、声明では「その目的に沿って、公募や審査、職員の研究進捗管理など、政府の介入が著しく問題が多い」と言っています。要するに、研究内容に政府が介入してくる可能性があり、「「学問の自由」に反する」、と日本学術会議として警告を発しているのです。それから「公開性」の問題があります。声明では「研究の期間内や期間後に、研究の方向性や秘密性の保持をめぐって政府による研究者の活動への介入が強まる懸念がある」と言っています。そうなれば研究内容を公開しない状況が生まれてくる、軍事技術につきものの秘密性の保持ですね。このために研究者の活動への政府の介入が強まる懸念があると念を押しているのです。

以上のように問題点を指摘した上で、声明は「各研究機関は軍事研究と見なされる可能性のある研究について、その適切性を目的、方法、応用の妥当性の観点から、技術的・倫理的に審査をする制度を設けるべきである」と求めています。要約すれば、大学ごとに、防衛装備庁のような軍事組織から研究の公募があったときに、果たしてそれに応募していいのかどうかを、技術的な側面、倫理的な側面について審査をする制度を設けるべきである、と言っているのです。日本学術会議としては、各大学なり研究者の良識から判断すれば、あるいは倫理的な観点に照らせば、まさか応募するということにはならないだろう、きっちり議論すれば拒否することになるだろう。と考えたのでしょう。とはいえ、この制度に「応募するべきではない」と、明確に述べていません。この点については、当時からいろいろ問題になったことは事実です。

応募、採択状況の推移

二〇一五年に始まった時には、なんと大学から五八件もの応募がありました。その時は、大学、独立行政法人の研究機関、企業が抱える研究組織、そう応募者を三分類したとき、大学が五八件で一番多かったのです。その翌年も大学がトップで二三件でしたが、その後ずっと減って、二〇一九年は一〇件、二〇年は九件、二一年は一二件、二二年一一件と、おおむね一〇件程度に減少しました。日本学術会議の声明が「慎重に対応すべきである」ということを述べており、各大学もじっくり考えるようになったのは確かです。また、二〇一五年にこの制度が発足して、すぐ二〇一六年に私たちは軍学共同反対連絡会を組織して、反対運動を始め、いくつかの採択された大学に押しかけて行って、抗議をしました。そういう圧力をかけてきたということも、少しは効いているのではないかと思っています。ところが、二〇二三年に応募数が二三件と、二〇二二年から倍増したのです。果たしてこれが、二〇二四年以降も増えていくのかどうか、ということが非常に心配されます。(4)

採択状況の特徴を言いますと、軍事研究が特定の研究機関において「常習化」、私に言わせると「麻薬化」してきたと思っています。「常習化」、「麻薬化」というのは、一旦この資金提供を受け始めると止められなくなり、ますます依存する体質になっていくという意味です。Sタイプは二〇億円、Aタイプだと一年に五二〇〇万円です。科研費で一件五〇〇〇万円の研究課題が採択されるだけでも大変なことです。ところが、この制度では毎年五二〇〇万円を三年間にわたって受けられるわけですから、こんなうまい話はありません。だから、いったんこれに手を出すと止められなくなるのです。

大学では大阪公立大学が、これまでを含めて累計で三件採択されています。それに続くのは、岡山大学、大分大学、豊橋技術科学大学、熊本大学で、それぞれ二件もらっていま

(4) 実際、二〇二四年度の募集では、大学からの応募数はさらに倍増に近く四四件にもなりました。私たちの心配が的中したのです。

す。[5]また、分担研究者として東京農工大学は四件、東海大学二件、岡山大学は一件、それぞれ共同研究を行っています。今のところ、大学では麻薬化、常習化とまでは言いませんが、大阪公立大学や岡山大学なんかは常習化に近い状況になりつつあると言えるでしょう。

常習化の極端なのは研究機関、独立行政法人です。物質・材料研究機構（物材機構）はこれまで八年間の募集期間でなんと二四件も採択されているのです。宇宙航空研究機構（宇宙研）は一二件、理研は六件、海上港湾研究所が五件です。特に物材機構や、宇宙研などは、この制度を最初から当にして、提案される資金を前提にした研究計画をつくっているのではないかと思われます。完全に軍事研究に食い込まれているわけです。つまり、これらの機関は軍事研究を当然として予算と組む体質になっているということです。こういうふうに防衛省から資金提供を受け始めると、止められずに、ますます依存する体質、常習化するということですね。[6]先ほどの大学も、何度か金をもらうとこのように止められなくなる懸念があります。

さらに付け加えたいのは、防衛予算の受注企業の、この制度への関わりです。日本の防衛予算は、これまでは五兆円から六兆円で、現在は九兆円近くになっています。五兆円ぐらいの時代には二兆円分ぐらいがいわゆる装備品費で企業が受注してきました。防衛予算がＧＤＰの二％の一一兆円規模になると少なくとも四〜六兆円分（現在の二〜三倍）を企業が受注することになります。日立、KDD基礎研、東芝、富士通、パナソニック、東レ、三菱重工、NEC、川崎重工、三菱電機、IHI（石川島播磨）、こういう日本を代表する一流企業が既に防衛予算の受注企業となっており、同時にこの安保技研制度からも資金を得ているのです。だから日本の大企業において軍事化が進みつつあるという証拠ではないかと思います。軍拡予算となって、企業にもどんどん大きな金が流れるようになると、ますます企業が産軍複合体となっていく可能性が高いということですね。

軍事研究の言い訳

軍事研究に応募してきた大学は、どういう言い訳をしてきたのか、二〇二二年までの応募の理由はどうだったでしょうか。これまで、この制度で採択されて資金提供を受けてき

（5）二〇二四年度に熊本大学が一件、北海道大学が二件採択され、いずれも累計で三件となり、筑波大学と玉川大学が各一件採択され、いずれも累計二件となりました。常習化、麻薬化が、じわりと進んでいると言うべき状況になっています。

（6）二〇二四年度の採択を加えると、物材機構は累計二九件、産総研が累計五件となり、これまで五件以上採択された研究機関は五法人となっており、常習化、麻薬化が顕著です。

た、岡山大学、大阪市立大学（現在の大阪公立大学）、東京農工大学、大分大学などへ、私たち軍学共同反対連絡会のメンバーが押しかけて行って、議論してきました。大学からは、教員が直接に顔を出すことはなくて、研究推進課長のような役職の職員が対応するわけです。教員は恥ずかしいのか出てきません。それらの大学の言い分は、「先進的な民生技術についての基礎研究であるから応募した」と、そればかり言うわけです。現実に、この制度では「成果の公開」とか、「秘密保護法の制限を受けない」とか、「プログラムオフィサーは干渉しない」（防衛装備庁の職員が研究内容について干渉しない）と謳っているから、いいではないかと言い訳するのです。

しかし、先ほども言いましたように、「先進的な民生技術についての基礎研究の公募」とあるのですが、その文章の前に「防衛分野での将来における研究開発に資する」という文章がついているのです。「防衛分野での将来における研究開発に資する」ために、「先進的な民生技術についての基礎研究の公募」をするという文章なのですが、その前半の部分を完全に無視しているわけです。おそらく、それはわかっているけれど、知らんふりしているのだろうと、私は勘ぐっています。

ところが、「先進的な民生技術だからいいだろう」という言い訳から二〇二三年では大きく異なってきました。二〇二三年の公募で、熊本大学がSタイプ（五年間で最大二〇億円）とAタイプ（三年間で最大一・五六億円）一件ずつ、北海道大学がSタイプ一件採択されていますが、そこでの共通した言い訳は、「軍事利用に限定される研究は行わない」、あるいは「軍事利用に限定した研究は行わない」というものです。そして、例えば熊本大学では「防衛省等が公募する研究課題への応募等の取り扱い」を議論する審査会で議論しています。北海道大学でも「国内外の軍事防衛を所管する機関等との研究の取り扱い」という審査会を設置しています。いずれにおいても、日本学術会議の声明に従って、形式的には軍事研究に関連する公募研究に対して「審査会」を作っており、そこが承認した形をとっているわけです。熊本大学では、「本学の研究は平和と国民の安全のために行うものとし、軍事的利用に限定される研究は行わない」と言っているのです。その基準に「合格」したから応募したというわけです。北海道大学でも「人類社会の平和と安全及び公正で豊かな社会のための研究である」、本学で行う研究はそういうためのものであって「軍事的利用に限定した研究は実施しない」として、審査会を通しています。

このように審査会で防衛省等への応募、軍事防衛を所管する機関等との研究の取り扱いを検討していますから、「軍事研究に関連する」とは認めているわけです。実際、資金源が防衛装備庁の募集ですから、その点は否定できません。そこで、審査制度を設けるのだけれど、大学としての倫理性は一切問題にせずに、「軍事利用に限定される研究は行わない」という言葉のごまかし、屁理屈を駆使して逃げているわけです。大学の非常に狡猾な逃げ方であると痛感しています。「軍事利用に限定される研究は行わない」とし、応募は「軍事利用に限定されない研究だからいい」ということのようです。では、どちらの大学も、果たして「軍事利用に限定されないで止まれるかどうか」を、きちんと議論したのでしょうか。大学としては、軍事研究であることは認めざるを得ないので、「それに限定した研究ではない」という理屈を捻り出していると言わざるを得ません。本当に大学としての研究の倫理性を問題にしたのか、ということを私たちは問い続けたいと思っています。

軍事研究の新しい動き

防衛イノベーション技術研究所

この二年間で軍拡予算が幅を利かせ、軍事研究にどんどん予算が割かれるようになりました。その結果生じている新たな動きがいくつもありますが、全部話していると紙幅が足りないので、簡単化して述べたいと思います。

まず、防衛装備庁に「防衛イノベーション技術研究所」が二〇二四年度の予算で発足して、二四年の秋に研究所として起ち上げられました。全体計画の詳細についての報道では、一〇〇人体制で、半数は民間人を登用し、その民間人は副業することができると、非常に緩やかな組織を考えているようです。アメリカのＤＡＲＰＡ（国防高等研究計画局）やＤＩＵ（国防イノベーションユニット）を目指すとされています。ＤＡＲＰＡは民間の民生研究をウォッチしていて、そこで軍事研究に転用できそうなテーマがあると資金を提供して、軍事的応用研究に転換させることを推進している組織です。一方、ＤＩＵは国防省が企業あるいは大学と連携して軍事装備品の開発にあたるという、直接的に軍事研究を推進する組織です。このような二つの異なった方向から軍事研究の組織化を進めるというのです。

この新研究所は、元々自民党が提案していたもので、そこには「産・官・学・自共同体」というふうに書かれていました。産・官・学はわかりますが、「自」とは自衛隊のことです。産業界、官僚、学術の世界、そして自衛隊が共同するという構想で、そこでは先端技術の軍事装備品への「橋渡し研究」を行うということです。

安全保障技術研究推進制度は軍事研究の基礎研究と位置付けていますが、実際にどのように進められるかというと、

①まず基礎的な研究で可能性を示し、

②次に具体的なモデルで試作して応用可能性を検討し、

③その結果を使って実作して機能テストをしてから、

④装備品としてテスト段階を踏んで、
⑤最後に実装する、

というわけです。この段階の各ステップには、「魔の川」とか「死の谷」とか「ダーウィンの海」と呼ばれる、飛び越えるべき難関があり、通常の技術開発でも同様の困難を伴っています。基礎研究でうまくいったからといって、そのまま順調に開発が進むわけではないのです。また開発の目安が立ったからといっても、すぐに実作できるわけではありません。「魔の川」という大きな川や「死の谷」という障害物が横たわっていて、簡単には越えられないのです。そういう困難を克服するには、「川」や「谷」に橋をかける必要があり、これが「橋渡し研究」です。軍事開発だけでなく、一般の技術開発においても常にそのような問題が控えているのが常識となっています。そこで、基礎研究から実装まで、一貫して軍事開発を推進する体制を組もうというわけです。それが「新研究所」設立の目的の一つです。

もう一つの目的は、安全保障戦略の一つの弱点として述べた、軍需産業のなかで軍事から撤退するという企業が出ているのを引き止めるということがあります。そのために、防衛予算を大盤振る舞いするとともに、新研究所が「防衛省と企業との橋渡し」を行おうというわけです。さらに、経済安保法で成立した秘密特許制度をうまく使って企業に儲けを保証することです。そこには当然、特殊技術の開発に成功したベンチャー企業をうまく利用するということもあります。

つまり、防衛イノベーション技術研究所では、基礎から実装まで先端技術を具体化していくための「橋渡し」と、防衛省と産業界・企業との間の「橋渡し」を行う、という二つの「橋渡し」をやろうとしているわけです。それに呼応して、「国家防衛力強化法」という法律によって防衛産業を救済する枠組みを作りました。加えて、防衛装備品の生産基盤強化のための体制整備をしています。このように、企業を優遇して軍事から撤退しないように引き止める、そういう役割をも果たすことが新研究所の目標になっています。こうして軍事研究を組織的に推進する役割を果たさせようとしているわけです。

経済安保推進法にからむ軍事研究

もう一つ、技術のデュアルユース（軍民両用）に目をつけた経済安全保障推進法が通りました。ここで、特殊重要技術の機密保持ということが謳われています。経済安全保障とは、現在経済的な面で中国のいろんな技術や重要物質に依存しているが、そういう状況は安全保障上非常に危険である、ということが発端になっています。自国あるいは同盟国間だけで経済的な関係を結び、安全保障体制を確立しようということです。

そのための経済安保推進法に加え、重要経済安保情報保護活用法が成立しました。これは特殊重要技術の機密保持のために、その技術を扱う人間に対して「セキュリティ・クリアランス（SC）」を課する法律です。これを「適性評価」と呼んでいるのですが、そのような機微技術を扱う資格を与えるために、身辺調査をし、保安検査を義務づけることを定めたものです。そして、もしもそういう人間が重要技術の秘密を漏洩した場合には、罰則を加える法律を定めました。この場合、直接軍事研究とは言っていないけれども、経済安保に関連する研究に対し「軍事研究と同様な秘密保持」ということが強く求められるようになったのです。

私たちは、民生研究と軍事研究を区別する観点として、資金源と文脈（目的）と公開性、その三点があると考えてきましたし、強調してきました。資金源というのは、学術機関から出る資金は民生研究で、防衛省から出てくる資金は軍事研究であるという区別です。文脈（目的）とは、何のための研究かの説明で、直接的には、民生研究であるか、防衛装備品の開発研究であるか、の研究目的です。そして公開性があります。通常、民生研究では公開は完全に自由なのですが、軍事研究は非公開あるいは秘密となります。

そういう三つの観点から区分けをしてきたのですが、ここに来て問題が生じてきました。例えば、産学共同では特許取得までは非公開が非常に多いという問題が生じています。最近では、ドクター論文の発表会でも、まだ特許を取っておりませんので詳しくは報告できません、というような論文発表があるそうです。非公開という幅がどんどん広がっているということですね。また、産学共同の枠内で、産業界を隠れ蓑にして軍事組織からの資金流入が起こり得る状況になっています。防衛省から直接に大学へ金が入るのではなくて、いったん産業界（例えばベンチャー企業）へ資金が行き、ベンチャー企業に参加する大学（アカデミー）に資金が流れる、というルートが開かれているのです。産業界を介した迂回軍学共同と言うべきでしょう。経済安保推進法による特定技術研究開発は軍事開発と強く関連しているのですが、見かけ上は経済安保のための開発研究という建前になっています。そのため、軍事組織が資金源ではなく、研究推進法人（科学技術振興機構（ＪＳＴ）、新エネルギー・産業技術総合開発機構（ＮＥＤＯ））からの研究費として拠出され、軍事研究的プロジェクトが進められているのです。このように軍事研究の新たな手法が生まれてきたという問題が生じていることに注意が必要です。

国際卓越研究大学と福島イノベーション・コースト構想

軍事研究に間接的に関係する問題として、国際卓越研究大学および福島イノベーション・コースト構想、の問題があります。簡単に言っておきましょう。

国際卓越研究大学は、文科省が大学ファンド一〇兆円の基金を作って、その利子を使って大学に数年間にわたって数百億円規模の助成をしようというものです。国際卓越研究大学に選ばれた大学は、一年に三％の事業成長をしなければならないという縛りがあります。三％は営利企業ではない大学にとって非常に大きな負担です。助成金が五〇〇億円の場合、一五億円ですから、毎年それだけの増収を確保しなければなりません。そこで、三％の事業収入を増やしていくための方法として、軍事研究で資金を得るというのは可能性の大きな手段になるのではないかと思われます。国際卓越研究大学は事業収入を増やすため「稼げる大学」作りとよく言われますが、稼ぐ一つの方法が軍事研究であるということです。

それから福島イノベーション・コースト構想というのは、原発事故後の復興の一つの方策として、さまざまな企業や研究機関等を福島に誘致していることです。先行しているのはロボットやドローンなど、安全保障上の具体的ニーズの開発研究が行われています。これは、復興を口実にして軍事研究を進めようというもので、ナオミ・クラインの「災害便乗型資本主義」（ショック・ドクトリン）の好例です。要するに災害が生じた時に、それに便乗して投資し大儲けに結びつけようとするものです。手っ取り早いのが、戦争を口実にした「軍拡バブル」に乗じて軍事研究に参画していくというわけです。

並行して、政府が設立した特殊法人「福島国際研究教育機構（F－REI）」が二〇二三年から動き始めました。その事業分野は、①ロボット、②農林水産、③エネルギー、④放射線利用、⑤原子力災害対策とされ、機能として研究開発・産業化・人材養成・復興の司令塔を担うとしています。二〇二四年度の予算額は一五五億円（研究費九九億円）で、中規模大学並みの潤沢な予算措置がなされているという恵まれた環境が用意されています。といっても、東日本震災復興特別会計が一五四億円を負担しており、いつまでこの予算が保証されるか分かりません。どの分野も産学官連携体制を強化して、新産業創出を謳っているのですが、軍事研究に傾いていく危険性も指摘されています。実際、④の放射線利用、⑤の原子力災害対策のためとして、アメリカの原爆開発用原子炉のあるハンフォードを参考事例としており、①のロボット開発とともに軍事利用と結びついていく危険性があります。

日本学術会議への攻撃

最後に、日本学術会議の体制強化（実際は弱体化）のためと称して、内閣府の有識者懇談会が政府の意向を受けて具体的な提案をしていることを述べたいと思います。そこで現在議論されているのは、日本学術会議の設置形態を変える（国に直属する機関から独立法人にする）、学術会議会員の選出方法についても国の意見が通るようにしたい、というような方策です。今日本学術会議の予算は一〇億円弱しかないのですが、それをもっと絞ろうという圧力もかかっています。このような日本学術会議への攻撃の基本的な狙いには、日本学術会議が過去に軍事研究に対してはっきりと反対し、二〇一七年には非常に慎重な態度を表明したことに対して、そういう組織は潰してしまえ、という乱暴な意見が背景にあります。そして、政府に従順なアカデミー（学者集団）とすることが自公政権の真意ではないかと思います。大政翼賛に走った戦前の「学術研究会議」のような組織にする、それが不可能なら民間団体にしてしまう、そういう動きがあるわけです。

軍事研究の新たな許容論

日本学術会議の会長であった大西隆氏は「自衛のためなら軍事研究は許される」という意見を述べ、永田恭介筑波大学長（兼国立大学協会会長）は「自衛のための研究は軍事研究ではない」と言い切りました。戦争という重大事態を想定して自衛を強調し、特に軍事力による自衛を当然とする雰囲気が強くなっているのです。自衛のためを口実として軍事研究を行うことが研究者の推奨すべき義務になっていくのでしょうか。その願望が、両氏の発言の真意であると言えるでしょう。

もう一つ出されている新たな意見は、「軍事研究を行うのも「学問の自由」である」という主張です。いくつかの大学に「自由と科学の会」という団体があり、「軍事研究反対は「学問の自由」を阻害する」と言っています。要するに、「軍事研究を行うのも学問の自由である」と言うのです。これに対して、私は「「学問の自由」というのは自由勝手に研究できることを意味しない」。①社会や個人の倫理に違反する研究、②権力の干渉や介入を招く余地がある研究、③結果の応用に研究者自身が責任を持てない研究、④次世代の研究者を不当に束縛する研究、以上のような倫理的に許容できない研究に関しては自由勝手にはできないと考えています。これら倫理的な縛りがある研究については、研究者の自己規律があって然るべきで、それらを集団的な討議で是非の意見を共有することが不可欠であると思っています。

現在、軍事研究を拡大する動きがどんどん強まっているのは、大学の予算不足と産学共同・軍学共同とがセットになった政治的な背景があるのは事実です。そうであっても、やはり「学問の原点」を科学者・技術者は考えるべきであり、学問研究に従事する人間の倫理規範をしっかり持つべきであると思っています。「誰のための学問か、何のための学問か、自分の研究は何を目指しているのか」をきちんと考えるということです。

それとともに、「科学者・技術者のプロフェッショナルとしての社会的責任」もあります。科学者・技術者は研究の自由度が大きく、言わば社会のエリートなのです。エリートには「ノブレス・オブリージュ」という社会的に求められる義務があります。要するに、社会で選ばれたエリートの人間は、倫理的に正しく生きて人々の手本となる役割を果たすべき義務があるということですね。科学・技術の研究に従事するエリートであればこそ、そのような生き方が求められているのです。科学者・技術者が、この倫理意識を信念とすることでしか軍事研究を阻止することができないのではないか、とすら私は思っております。

最後に、ガンジーの「人格なき学問、人間性が欠けた学術に、どんな意味があろうか」という言葉を紹介しておきたいと思います。学問・学術にも人格や人間性が自然に現れるものなのです。そのことを頭において学問に励むべきです。

あるいは、加藤周一の言葉があります。これはもっと厳しくて「戦争を批判するのに役立たない教養であったら、それは紙くずと同じではないのか」というものです。これは非常に強烈な言葉であり、やはり、ずしりと私たちに響きます。戦争を批判できない学問っていうのは何なのか、というわけです。この言葉を学問研究の原点にすべきだろうと思っています。

第７話
今、新しい戦前を迎えているのか？

二〇二四年三月二日　非核・平和をすすめる西東京市民の会

「軍拡バブル」の日本

ロシアのウクライナ侵攻が契機となって、日本においては「軍事的抑止力で国を守る」という名目で、軍拡が急速に進んでいます。「軍事的抑止力」とは、強力な軍事力を背景にして、「敵国」が攻め込んでくるのを抑止（思いとどませる）するとの戦略のことです。ロシアや中国などでは、建国記念日などの際、軍事パレードで軍人の行進とともに保有するミサイルも行列に参加させ誇示することが行われています。「自分たちはこれだけ強力な武器を持っているのだぞ」ということを「敵国」に見せつけ、攻撃を諦めさせようとの意図があるのです。日本の閲兵式ではミサイルではなく、戦闘機の航空ショーが行われていますが、このパフォーマンスも空中からの攻撃能力を持っていることを誇示するためと言えるでしょう。軍事的抑止力とは、強力な武器を持ち、それを見せびらかすことによって「敵国」を威嚇するという子どもじみた強がりなのです。

一九五四年の自衛隊の発足以来、日本は何度も「防衛力整備計画」を策定して強力な軍事力を持つ国となりました。さらに二〇一四年に安倍内閣のとき、「集団的自衛権の容認」

を閣議決定した上で、翌年に束ね法案（関連するいくつかの法案を一括して提案すること）によって安全保障関連の法制度を整備し、軍拡路線を定着させました。しかし、まだ軍事予算はＧＤＰ（国内総生産）の一％という縛りがありました。とはいえ、ＧＤＰがほぼ五五〇兆円ですから約五兆五千億円が毎年軍事予算に投じられており、世界で第一〇位の軍事大国の位置を占めていたのです（二〇二二年）。しかし、二〇二二年二月のロシアのウクライナ侵攻が契機となって、岸田内閣は、二二年一二月一六日に「国家安全保障」関連三文書を閣議決定し、これまでを大きく上回る軍拡路線を打ち出したのです。

二つの戦前

きな臭い国際情勢がある一方、軍拡が進む日本が「戦争ができる国」になりつつある現在、「新しい戦前」という言葉を多くの人が口にするようになりました。そもそもの発端は、タレントのタモリさんが二〇二二年一二月のテレビ番組「徹子の部屋」に出演したときの発言でした。黒柳徹子さんが「来年はどんな年になるのでしょうね？」と話題を向けたとき、タモリさんが「新しい戦前になるんじゃないでしょうか」と答えたのでした。日本の軍拡路線に不安を持っている人々がこの言葉に共鳴して、「新しい戦前」と言うようになったというわけです。

しかし、実は私もその一員である世界平和アピール七人委員会が二〇一五年一一月に京都で開催した講演会では、「新しい戦前を招かないために」という標題でした。「新しい戦前」という予感は私たちの方が早く持っていたのです。残念ながら、七人委員会はタモリさんほど有名ではないため影響力がなかったのでしょう。この講演会の前に、安倍首相が安保関連法制化法案を強行採決を行っており、私たち七人委員会の危機意識は鋭かったのではないか、と少し自画自賛しています。

ともあれ、二〇二二年暮れの政治的・社会的状況が「戦争前夜」に酷似してきたことは事実で、それを端的に表現したタモリさんの政治感覚を高く買うべきでしょう。というのは、「戦前」とは戦争が始まる直前を意味しますから、「新しい戦前」とは、やがて新たな戦争を迎えるときが迫っているのではないかと感じた言葉で、当たっているような気がするからです。そこで、「新しい戦前」について、ここでより深く分析してみたいと思います。

「新しい戦前」があるのなら「古い戦前」があるはずで、それは一九四五年八月一五日以前のことを意味します。ここでは「かつての戦前」と呼ぶことにしましょう。それは明治維新からアジア・太平洋戦争で負けるまで、戦争続きでしたから「戦前」を何度も迎えています。最後の「戦前」から「戦争」を引き起こし「敗戦」を迎え、ようやく「戦後」が一九四五年八月一五日から始まり、今日まで続いてきたわけです。

しかしながら、現在を従来通り「戦後」と呼ばずに、敢えて「新しい戦前」と呼ぶのには重大な理由があると考えなくてはなりません。それは、「かつての戦前」から→「戦争」→「敗戦」→「戦後」と続いたように、「新しい戦前」から→「新しい戦争」→「新しい敗戦」→「新しい戦後」へと繰り返すのではないか、との「予感」を多くの人々が持つようになったためです。そこで、これからいくつかの側面について、これら「二つの戦前」を比較して類似点や相違点を抽出し、果たして「予感」が現実化するかどうかを考えてみたいと思います。

「二つの戦前」の比較

国際情勢

非常に単純化すれば、「かつての戦前」の最終段階の国際情勢は、日独伊の「枢軸国」と英米仏ソ中の「連合国」に分かれて対立していました。前者は植民地獲得競争に後れを取ったファシズム国家であり、後者は植民地を多数獲得した国や「枢軸国」に痛めつけられた国が連合した国家群でした。そして、前者が利権獲得のために戦争を仕掛けたという側面は否めません。日本が脱退した後の国際連盟は相次ぐ脱退が続いて無力となり、これら二つの国家群の対立・抗争を調停する国際機関が存在しない状態でありました。その結果第二次世界大戦が起こり、日本はアジア・太平洋戦争において、主として連合国のアメリカと戦ったのです。

昨今の「新しい戦前」においては、ロシア・中国・北朝鮮のいわゆる「権威主義的国家群」(東側の新旧社会主義国家)と日・米・EU・NATO加盟国のいわゆる「民主主義的国家群」(西側の自由主義・民主主義を標榜する国家)の対立が顕著であると言えるでしょう(これはアメリカ流の世界の分類なのですが……)。ただし、国際的紛争を調停し平和を希求する組織として国際連合があり、国際法を確立して公平・公正に紛争を裁くことができる建前を保っているのは事実です。しかし、それが有効に機能しないまま、国際法違反の他国への侵攻やジェノサイドとも言うべき蛮行が罷り通り、国連はそれを阻止することができていないのが現実です。今や、一歩間違えば世界戦争が勃発しかねない情勢と言っても大げさではありません。

実際、世界を騒がせている、二〇二二年二月に始まったロシアのウクライナ侵攻は、世界を二分に色分けして戦争状態が続いています。領土侵攻したロシアとそれに抵抗するウクライナとが戦争の当事者ですが、現実にはウクライナを背後で支援する米国・NATO・EU諸国および米との同盟国（日・韓・豪など）など、対ロシア強硬派との間の代理戦争となっています。

もう一つ、二〇二三年一〇月に始まった、イスラエルのハマス撲滅を口実にしたガザへの「軍事作戦」でも、国際法を無視した無差別爆撃などジェノサイドの様相を呈しています。イスラエルは国連の勧告を平気で無視し、殺戮行為を止めようとしていません。そして、イスラエルの行為を支持する米・英・独の諸国は、ロシアのウクライナ侵攻は糾弾する一方、イスラエルのガザへの爆撃を支持するというのは「ダブルスタンダード（二重基準、対象によって判断基準を変えること）」として非難されるべきでしょう。南アフリカなどのグローバルサウスがイスラエルに対し強く反発して、国際司法裁判所（ＩＣＣ）に提訴するなどの動きを見せていることは心強い限りです。

私は、このように世界が昏迷状態に陥っている真の原因は、米ロ中という三大軍事大国が世界の軍拡競争を牽引して、戦後世界を危険な状態に追い込んできたことにある、と考えています。これら三国は軍事的に競合関係にあるのですが、これまで米中、中ロ、米ロの直接戦争は起きていません。いったん事を起こすと地球を二分する世界（核）戦争になる危険があるためではないでしょうか。その代わりでもないのですが、この三国は数々の小国に干渉して武力で屈服させてきました。アメリカはベトナム・イラク・イラン・アフガニスタン・グレナダ及び中南米諸国、ロシアはチェチェン・クリミア・ジョージア・ウクライナ、中国はチベット・ウイグル・モンゴル・香港、などです。

この三国が核兵器・ミサイル・宇宙軍拡をほぼ独占しており、核兵器禁止条約を批准せず、同盟国にも批准させないでいます。世界の多くの国々が、この三国の顔色を見ながら反抗せずにいるのは、まるでヤクザを恐れているのとそっくりです。その意味で、世界は劣化しているのではないかと思っています、現在は、この三つの軍事大国の鼎立状態にあり、そのスキを狙ってのロシアの侵攻であり、イスラエルは三国の足元を見ての暴挙と言えるのではないでしょうか。

このような国際情勢の下で、第三次世界大戦は起こるのでしょうか？　その時、日本はどのような選択をすべきなのでしょうか？　その帰趨のカギは、ロシアのウクライナ侵攻がどう展開していくかにあると思います。冷戦終結以来、アメリカはロシア包囲網を敷いて身動きならないようにする作戦を採用し、東欧諸国（ハンガリー、スロバキア、バルト三国など）をＮＡＴＯに加盟させてきました。最近では二〇二三年にフィンランド、二〇二四年にスウェーデンがＮＡＴＯに加盟しています。ロシアのウクライナ侵攻は、ウクライナのＮＡＴＯへの参加問題がロシアを刺激したと言われています。その意味で、ウクライナにおける戦争はアメリカなどＮＡＴＯ諸国の代理としてウクライナが戦っていると言えるかもしれません。

一番危険なのは、ウクライナが西側から提供された長距離ミサイルによって、ロシア本国に攻撃を加えることで、それが世界大戦のきっかけとなりかねないと危惧しています。というのは、そうなればロシアは徹底してウクライナ全土の破壊に走りかねないからです。それを見たＮＡＴＯ諸国がロシアに反撃をし、ロシアがＮＡＴＯ諸国に宣戦を拡大するという次第で、全面戦争に導かれていく可能性があります。日本は、アメリカとの同盟による集団的自衛権の行使によって、ロシア攻撃に参加することは確実です。追い詰められたロシアは核兵器を使う可能性があり、核戦争へと発展すれば地球には放射能にまみれた荒野が残されるのみとなりかねません。

いずれにしても、世界情勢は「新しい戦前」が到来しつつあることを示唆しています。この場合、もたらされる「戦争」は世界核戦争であり、勝者も敗者もなく荒涼たる「戦後」が待っているだけになるでしょう。

このような悲観的見方からの唯一救いがあるのは、ロシアやＮＡＴＯ諸国のいずれにも属さず、中立を貫く「グローバルサウス」と呼ばれるアフリカ・中南米・東南アジアの諸国が第三極を形成し、調停に乗り出す可能性があることです。権威主義国家群にも民主主義国家群にも世界の未来を託すことができず、これまで弱者とされてきたグローバルサウスこそがまっとうな世界へと導いてくれるのではないかという期待です。時期尚早と言われるかもしれませんが、私はこの方向が力強く進むことが大事ではないかと思っています。

日本の状態――憲法と経済

「かつての戦前」の時代は、一八八九年公布の日本帝国憲法下、「万世一系」の天皇を元首とする「国権主義・国家主義」で、この政治体制を「国体」と呼んでいました。建前は憲法による統治であるので立憲主義でしたが、いつでも緊急勅令で国会は停止されましたから「天皇主権」と呼ぶべきでしょう。「教育勅語」と「国定教科書」で子ども時代から天皇第一主義に洗脳され、国民は天皇の「臣民」であり、御国のためには命を捧げるのが当然とされました。また「かつての戦前」時代は、経済的には「富国強兵」が第一目標であり、そのために「国家社会主義」体制が築かれ、軍需生産中心の重厚長大産業（鉄鋼・造船・機械・車両・航空機など生産材）に多大な国家投資がなされました。人々の生活に密着した軽工業（繊維・食品・印刷などの消費財）は軍需に関係しないため、「安かろう悪かろう」と言われて軽視されたそうです。

以上を考えると、「かつての戦前」はまさに「戦争」を前提とした国家で、日清戦争

（一八九四から九五年）、日露戦争（一九〇四から〇五年）、第一次世界戦争（一九一四から一八年）、日中戦争（一九三〇から四五年）、アジア・太平洋戦争（一九四一から四五年）と、約五〇年の間、戦争をし続けて来たことになります。「かつての戦前」は、まさに異なった「戦前と戦争」を次々と経験した時代であったと言うべきでしょう。

日本帝国が壊滅して、最終的に「かつての戦前」が惨めな「敗戦」に転化し、「戦後」が始まりました。新たな日本国憲法（一九四七年公布）を定めて「主権在民」となり、基本的人権の尊重と平和主義の原則の下で、立憲主義（象徴天皇制、三権分立、市民的自由と権利の保障など）を掲げ、民主的な法整備（国民の教育権、労働権など）を行って「民主主義国家」として「日本の復興と近代化」の道を踏み出したのです。

それ以来長く続いてきた「戦後」は、端的に言えば「経済優先」あるいは「経済至上主義」の時代であったと言えるでしょう。アメリカからの日本の軍事力強化の圧力に対して、吉田茂首相は「軍事より経済」を打ち出して、日本の経済的復興を優先したのです。「強兵」より「富国」というわけです。といっても、軍事力は不要というわけではなく、一九五四年に発足した自衛隊の強化にも資金を回し続けてきたことは事実です。

「戦後」の工業生産の主力は電気・電子工業で、複雑な電子回路をコンパクトに作り出して電気製品を小型化し効率的なものとする競争でした。日本は「縮み志向」に長けており、軽薄短小産業に力点を置きました。大型車でなく小型車そしてオートバイとし、ステレオをウォークマンにし、コンピューターを電卓にした、というふうに小型化して使いやすくし、値段を下げて一般庶民の心をつかんだのです。電子技術にいち早く目を付けたことが幸いでした。それだけでなく、重厚長大産業である鉄鋼・造船・機械などは軍事国家であった「戦前」に蓄えていた実力を発揮しました。そのなかで、軍需には手を出さず、もっぱら平和産業で世界第二位の経済大国にまでのし上がり、世界から「ジャパン・アズ・ナンバーワン」とまで囃したてられました。「エコノミックアニマル」と悪口を叩かれながら、「メイド・イン・ジャパン」製品を世界中に売り捌いたのです。これによって日本の復興に成功したのみならず、経済の高度成長を成し遂げ、総中流時代を招くことになりました。「経済は一流、政治は二流」と揶揄されたように、政治の面では自己主張せず、ただアメリカに黙って従っていたのでした。これが「戦後」の前半期でした。このような日本の成功を見て、政治的に独立しても経済的にはなかなか自立できない「発展（開発）途上国」と呼ばれる中近東や東南アジアの諸国に勇気を与え、また尊敬されることになりました。この実績は日本が誇ってもいいことなのではないでしょうか。

しかし、「戦後」の後半部になると状況は一転します。世界の経済情勢がグローバル化して大きく変化する一方、日本は成功に酔って努力を怠ったため経済力が劣化し、世界のトップから転げ落ちる状況を迎えることになったのです。

世界の経済情勢の大きな変化の一つは、一九七三年にOPEC諸国(石油輸出機構:イラン・イラク・クウェート・サウジアラビア・ベネズエラなどの産油国)が引き起こした第一次オイルショック(石油危機)です。石油価格の決定権は石油資本メジャーからOPEC諸国に移ったため安価な石油が手に入らなくなり、日本経済の先行きに暗雲が漂うようになったのです。もう一つの変化は、一九八〇年から資金の自由な動きが可能になって多国籍企業がうごめき始め、いわゆるグローバル資本主義の時代を迎えたことです。アメリカ流の市場原理主義と新自由主義が各国の市場に導入され、経済の規制緩和が進む中で、世界経済の系列化が進みました。この動きに乗り遅れないよう、各国は経済体制の強化を行わねばならなくなったのです。

ところが、高度成長を経験した日本経済は、一九八六から九一年の頃、バブル景気に浮かれて無意味な投資(つまり投機)を行って蓄積してきた資金を失う一方、地道な技術革新の努力を怠りがちになりました。バブルは必ず弾けるもので、気が付けば、日本の得意分野であった半導体などの軽薄短小技術分野の覇権を韓国や台湾に奪われ、経済力を弱めることになったのです。他方で、重厚長大産業では開発途上国に追い上げられ、鉄鋼や造船分野ではインドやブラジルに追い抜かれる状況になりました。今世界一として唯一残るのは自動車のみなのですが、電気自動車（ＥＶ）への転換が急速に進むであろう一〇年先まで、果たして日本の自動車産業が覇権を握っているかどうか不明と言うべきでしょう。こうして、経済において「空白」の三〇から四〇年を迎え、現在の日本は世界経済を牽引する役から降りざるを得なくなっている状態なのです。

このように日本経済の劣化が進むなかで、多くの企業は禁じ手であるはずの軍需生産・武器輸出に軸足を移しつつあります。安全保障を名目にして、経済界は政治に圧力をかけて軍拡のため防衛予算を増加させています。軍需生産は、国を相手の商売だから取りはぐれ（赤字倒産）がなく、武器は絶えずスクラップ・アンド・ビルドされるから常に一定の需要があり、戦争を煽れば新たな装備品（武器）の注文が増える、と企業の安定的な経営に寄与できるからです。今や、膨張する防衛予算のうち一年で約二から三兆円が重工・機械・電機・運送などの軍需産業に支払われるようになっています（軍事予算がＧＤＰの二％になれば総計で一一兆円、企業に発注される防衛予算は六兆円を越えるでしょう）。先に国家安全保障戦略の弱点の一つとして、軍需生産からの企業の撤退を挙げましたが、それは企業が「軍需生産は儲けが少なく、需要はあるが成長しない」ことを理由として撤退するとの脅しをかけている側面もあります。実際、政府は企業を軍事生産に引き留めるために「防衛産業強化法」を法制化して、軍需生産に励む企業を優遇しようとしています。また、

「武器輸出三原則」を「防衛装備移転三原則」に変えて武器輸出の道を開き、発展途上国へのＯＤＡ（政府開発援助）に加え、ＯＳＡ（政府安全保障能力強化支援）という途上国の軍事に関わる対外支援を新設したのです。これによって企業の武器輸出を応援することになるでしょう。

要するに、日本の経済力の劣化を補うために、軍需企業（軍産複合体）を育成して日本を「死の商人国家」とし、絶えず軍事増強を行うようになりつつあるのです。実際、アメリカの軍産複合体がロシアのウクライナ侵攻に大喜びをしているのは、アメリカがウクライナ支援のために一年で七兆円にもおよぶ莫大な支援をしており、軍需産業が大いに潤っているからです。日本もこれに習おうというわけで、防衛予算を大幅に増加させ、軍拡を推し進めており、これを見て人々は「新しい戦前」が到来していると感じているのです。

蛇足なのですが、ここで現代も「富国強兵」政策が推進されていることを指摘しておきたいと思います。「かつての戦前」においては「富国強兵」が国策の第一で、「富国」＝殖産興業（事業を興して産業を盛んにすること）を通じて国を富ませ、「強兵」＝徴兵制（国民皆兵）を通じて軍事力を強化し、国権優先・人権無視という時代でした。実は、「新しい戦前」の現代においては言い方は異なるのですが、以下のように実質的な「富国強兵」政策が採られていると言えるのです。

経済力強化を目指すのは「富国」のためであり、その手法は科学技術立国で、キャッチフレーズは「イノベーション（技術革新）」です。科学技術イノベーション基本法、総合科学技術イノベーション会議、科学技術イノベーション基本計画というふうに、国の科学技術施策に必ずイノベーションが付くようになりました。日本の経済力が劣化していることを焦り、「起死回生のイノベーションよ　来たれ！」というわけです。一方、「強兵」という言葉はお蔵入りです。軍隊（軍事力）は、もはや体力が強い兵士（軍人）に依存する時代ではなく、ミサイルやドローンやロボットなど無人機をＡＩによって遠隔操作する時代になりつつあるからです。そこで盛んに使われる言葉が「安全保障」で、国家の安全のための総合的軍事力強化を意味します。「国家安全保障」とか「安全保障戦略」という言葉が躍っているように、国民の安全・安心を担保すること＝安全保障というわけです。以上のように考えると、「新しい戦前」を迎えている現代の富国強兵は、「イノベーティブ安全保障」と呼ぶべきでしょう。言葉は変わっても、富国強兵政策は貫徹されているのです。

科学者の軍事研究への動員

「富国」のためには技術革新（イノベーション）を起こして新しい産業を興し、「強兵」のためには殺傷率が高い新たな兵器を開発したいわけです。そんな目標を実現するためには科学者の協力が不可欠です。従って、戦争が前提となる「戦前」の時代においては、産学共同（「富国」のため）や軍学共同（「強兵」のため）をどのような方法で効果的に進めるかが問題となります。一般に、科学者は出世するとか名声を得るとかにはあまり興味を持たず、ひたすら研究を続けることを望む存在ですから、政府や軍は科学者を「富国強兵」への動員のためにいろんな工夫をしてきました。ここでは軍事研究への動員について述べましょう。

「かつての戦前」の時代においては、学術研究会議（現在の日本学術会議の前身）は、研究のさまざまな大題目（テーマ）を掲げて研究班を組織し、科学者はそのいずれかの班に属さないと研究者として認められない、というシステムでありました。どれかの研究班に属すると、科学研究費補助金（科研費）や日本学術振興会からの研究資金（これは天皇の御下賜金から始まった）に応募することができ、研究を行うことができたわけです。募集する研究テーマは、通常時は一般的な科学目標に沿うものでしたが、戦争が近づくともっぱら軍事に関わるものになっていきました。実際に戦争が始まると、陸軍や海軍からの臨時軍事費から、軍事研究のための委託研究費として科研費の一〇倍以上の資金が提供されました。これに大学の理工系の科学者は研究費の獲得のために、ほとんど全員が応募しました。しかし、現実には科学者は軍事研究にはあまり力を入れず、自分がしたい基礎的な研究に研究費を使ったと言われています。面従腹背で、科学者は「二枚舌」を使ったのです。さて、このような姿勢をどう考えるべきなのでしょうか。実は、ナチス支配下のドイツでも同様であったそうです。科学者の本音は、軍事研究をやらされるより、自分が本当にしたい研究に熱中したいのです。

現代では「科学技術」という言葉は当たり前ですが、この言葉が日本で使われるようになったのは一九三八年のことで、それまでは「科学」と「技術」は分離されて(別物とされて)いました。これは、科学者の技術開発への参加が弱かったことも関係しているかもしれません。政府は教育審議会を設置し、文系を減らして理工系を拡充せよとか、産学共同を推進せよ、というよう答申をさせています。科学者の軍事研究への動員に躍起になっていたのです。現在の大学政策でも同じことが進められていることは、何を意味しているのでしょうか。

「かつての戦前」が最後に「戦後」を迎えて、科学者の軍事研究への動員はいったん行われなくなりました。科学者の側も、人々を戦争へ駆り立て、天皇主権を持て囃す学問を推奨する国に迎合してきたことを反省したのです。一九四九年に日本学術会議が発足したのですが、その第一回総会において「これまでわが国の科学者がとりきたった態度について強く反省し」と戦争に協力してきたことを反省するとともに、「今後は、科学が文化国家ないし平和国家の基礎であるとの確信の下に……人類の平和のためあまねく世界の学界と提携して学問の進歩に寄与する」との決意を表明しました。「誰のための　何のための科学か」という、科学者が依って立つ原点を確認したのです。その後、一九五〇年及び一九六七年の二回の総会で「戦争目的の研究を行わない」との総会決議を挙げています。世界のいかなる国でも科学者が軍事研究を行うことが当たり前である中で、日本は科学者が公的に「軍事研究を行わない」ことを宣言した稀な国であったのです。学者も日本国憲法の精神に共鳴したと言えるでしょう。

しかし、安倍内閣時代の二〇一五年に、防衛装備庁（防衛省所轄）が「安全保障技術研究推進制度」と称する、軍事研究を公的に（大っぴらに）募集し研究資金を提供する制度を創設しました。いよいよ科学者を国の軍事政策に取り込もうというわけです。これに対し、科学者の軍事研究に反対してきた日本学術会議は、二〇一七年に「軍事的安全保障研究に関する声明」を発表し、この制度は「学問への政府の介入を招き、問題が多い」として警告を発しました。この制度による成果は、「軍事目的に転用され、攻撃的な目的のためにも使用されうる」ので十分用心し、学問の自立性・科学者の自主性・研究成果の公開が侵される危険性がないかどうかを検討する場を設けなさい、と研究者に勧告しています。現在のところは、この日本学術会議の声明もあって、大学の研究者が研究費不足に悩みつつも、軍事研究に誘惑されるのが何とか抑えられていますが、この制度への応募が増える危うい状態にあります。

というのは、文科省はあたかも大学の研究者を軍事研究に追い込むかのように大学への予算を絞っており、実際に、研究者は背に腹は替えられないと防衛省予算に靡く状況にあるからです。科学者は研究費がなければ研究ができず、研究ができねばただの人でしかないことを本人が一番よく知っていて、研究費の誘惑には耐えられないのです。むろん、金のために軍事研究を行うとは言えないので、軍事的抑止論が強まっていることに便乗して、自衛のため、敵の侵略から守るため、と言うのです。そして、攻撃的な兵器や人を殺傷する武器の生産のためではなく、防御的兵器だからむしろわが身を守るための開発だと強調するのです。軍事研究を行うのも学問の自由で憲法に保障されていると、居直って主張する人もいます。このような科学者が増えたら、軍事研究を行わない科学者を「非国民」だと言い出しかねません。まだ、このような危険な状況にはなっていませんが、今は「新しい戦前」に一歩手前の状態にあるのではないでしょうか。

その前触れとして、日本学術会議への政府の干渉・圧力が強まっていることを指摘しておきたいと思います。日本学術会議は、科学者・研究者の立場から政府の施政や行動に対して批判的な声明を多く出してきました。世の中の「正義」には、政治的正義・経済的正義・社会的正義・科学的正義等があり、それぞれの視点から見た正義の内容が異なっていることがあります。正義かどうかの判断に、どのような観点を重視したか、長期的か短期的か、弱者の立場も考慮しているか、など多くの考える要素があるからです。それらについて互いの正義を主張し合いながら、各時点において最善と思われる正義を選択するのが民主主義と言えるでしょう。その過程において、互いの立場の差異を尊重し合わなければならず、単に賛成者の数が多いだけで正義を決めてはなりません。一般に科学者は個人の利害を超えた科学的で合理的な正義を主張し、政治的・経済的・社会的な側面からの正義の判断に対して客観的な立場から意見を投げかけることが多くあります。そのような科学者の意見をまとめてきたのが日本学術会議なのです。

現在の政治は長期的な視野で十分に検討し尽くさないまま、議員の数の力で、短期的な利益を強調した「政治的正義」を押し通そうとしてきました。これに対して日本学術会議は、長期的な視点に立って、世界の平和と人々の福祉という観点で、政治の行き方を批判することが多くありました。日本学術会議が軍事研究に反対してきたのも、軍事研究は戦争目的のためであり、それは人々の幸福と相反すると考えてきたからです。そのため、これまで三度（一九五〇年、一九六七年、二〇一七年）も軍事研究を行わない／行うべきではないとの批判的な声明を出してきたのです。ところが自民党政府はこれが気に入らず、学者は国政に口を出すな、国の機関で国から運営経費を得ている日本学術会議が政府の意向に反対するのは何事か、と圧力をかけているのです。そして、日本学術会議を国の機関から外して法人化してはどうか、会員の選出に国が関与できるようにすべきだ、というような方針を押し付けようとしています。

私たちは、多様な意見を自由に交換できることこそ真の民主主義であり、科学的な見地からアカデミーとしての日本学術会議の助言や提言は、筋道が通った政治の履行に大いに参考になると主張してきました。そのような日本学術会議の役割が有効に機能するためには、国の機関であって、しかも時の政府から独立していることがとても重要なのです。法人化されて国の重要な機関でなくなると、学者が公的な資格で国政について意見を述べる道を閉ざしてしまうことになります。また、政府はその意見を聞く義務がなくなり、学者の勝手な提言として無視してしまうでしょう。そしておそらく、政府は気に入った御用学者の意見を有識者会議として組織し、あたかも学界を代表しているかのように受け取り、翼賛体制を築いていくことになると考えられます（現に、総合科学技術・イノベーション会議がその役を果たしつつあります）。「かつての戦前」においては、天皇制政府に盾突くような学者を公職から追放して学問の自由を奪い、学者が物言えぬ社会になってしまいました。現在進められている日本学術会議への圧力は、まさに「新しい戦前」が来つつあることを予感させるものです。

「新しい戦前」を克服するために

「歴史は繰り返す」とすれば、「かつての戦前」が、→「戦争」→「敗戦」→「戦後」という道をたどったように、「新しい戦前」が、→「新しい戦争」→「新しい敗戦」→「新しい戦後」ということになる可能性があります。むろん、そんな愚かな歴史を繰り返してはなりません。私たちが成さねばならないのは、新しい歴史を創造することであり、「新しい戦前」→「新しい戦前の自然消滅」→「平和の確立」でなければなりません。現在の日本の軍拡ぶりを見ると、そんなことは不可能に見えるかもしれませんが、「かつての戦前」と「新しい戦前」という二つの戦前の間に決定的な差異があることを思い出し、それを有効に使わねばなりません。

その決定的な差異とは、私たちは「戦後」に獲得した「日本国憲法」において、「日本はいかなる問題が起ころうと、戦争に依らず、外交力・話し合いで解決する」と宣言して、現在まで貫徹してきたということです。その宣言は世界で広く理解され、日本は永久平和を希求する国として世界の信頼を得てきました。これは大きな宝であり、色褪せてはいますが、その存在感は今もなお失せておりません。これからもいっそう憲法に依拠して世界の平和の担い手になることです。そうすることによって「新しい戦前」論を吹き飛ばし、「世界平和の主役」として活躍できるのではないでしょうか。

現在、確かに戦争が近づいているような雰囲気が強くなっており、私と同様に多くの人々も「新しい戦前」を迎えつつあると感じておられるのではないでしょうか。しかし、そう感じながらも、「そ知らぬ顔」で生きよう、本気で考え始めたら現在の小さな幸福が逃げてしまう、そう思っておられる方が多いかもしれません。そのため、政府のやり方にあえて文句をつけようとしないので、いっそう政治の流れに押し流れていると言えるでしょう。それでも、まだなんとか「新しい戦前」が「新しい戦争」へとつながっていないのは、憲法の平和主義があり、それが危険な時代の流れを押し止めているためだと思われます。しかし、憲法を変えようとする勢力は少しずつ、平和主義の礎を掘り崩そうとしていることを忘れてはなりません。このまま行けば、私たちがこの「危険な平和の時代」を生きていけるのもそう長いことではないと覚悟する必要がありそうです。

今、ほんのちょっとでも立ち止まって、現在の政府のやり方について批判し、声を挙げ、「新しい戦前」となろうとしている日本を、健全な状態に巻き戻したいと思います。このような危うい日本を子や孫たちに受け渡す私たちは、あまりに面目ないと思いませんか？

あとがき

私の四歳年上の兄の、ドイツ文学者であった池内紀が突然亡くなったのは、彼が七九歳になる三カ月前のことでした（二〇一九年八月）。それから四年経って、いよいよ私が兄の没年を越えて七九歳になろうという時が近づいてきました。ところが、二〇二三年一一月頃から丸一年の間、私は次々と病魔に襲われ何度も手術を受けることになってしまったのです。これから八〇歳を迎えようとする弟に対し、亡き兄からの「おまえ大丈夫か？」と、私の健康状態を気にかけた警告のように感じたものです。

病魔によって体調不良となり、二〇二四年前半は、引き受けていた講演会のうち三月分までは対面で講演できたのですが、五月からネットを使ったズーム講演となり、また前もって撮影者が私の自宅に来られてのビデオ撮影を行うという仕儀になってしまいました。それで、なんとか講演は済ませることができたのですが、私としては行った講演の内容について、体調の関係で本当に自信があるものであったかどうか気になってきました。

そのため、二〇二四年の七月以後はすべての講演を断り、対外的に成すべき仕事は、いくつかの連載物の短文を書くことのみとしたこともあり、行った講演内容を自分として再点検しようという気になったのです。病気療養中とはいえ、特に体が痛んでいたわけではなく、その作業を行う体力には問題はありませんでした。そこでまだ体調がよく、時間がある間に、六月までに行った講演内容を読み直し、しゃべった内容を補うべく関連する事項を多く付け加えておこうと考えたのです。ひょっとすると、「これが絶筆になるのでは」との恐れもあって、講演でしゃべった内容をより充実させて恥ずかしくないものに仕上げ、本として残そうと考えました。その程度に切羽詰まった気持ちになったこともあり、実際に行った講演以上に内容を充実させた講演録となった自信があります。

以上が、この本ができるまでの大雑把な経緯ですが、肝腎の、この一年間私が病魔に遭遇したことをここで話しておかなければなりません。読者の方々には何だか大げさな話だな、それにしても何があったのか、訝しく思っておられるでしょう。そこで、この一年間に実際に私が遭遇した病気について話しておくことにします。

最初に行き合ったのは病気ではなく、七九歳になる（私の誕生日は一二月一四日）直前の二〇二三年一一月に、近所のスーパーの入り口付近にある車止めに足を引っかけて転倒したことでした。この事故では幸いにも肋骨の骨折もなく、たいしたことはなかったと高をくくっていた直後から、腰が猛烈に痛くなったのです。従来から腰痛を抱えていたのですが、このときの腰の痛みは耐え難く、近所の整形外科で痛み止めの注射を打ってもらいました。ところが、その注射が体に合わなかったようで、かえって足が動かないくらいに痛みが強くなったのです。

そこで知り合いに頼んで京都府立医科大病院の整形外科を紹介してもらって診察を受けました。X線写真を撮って背骨にズレがあることが確認でき、それが腰痛の原因なのだが、歩けないほどの痛みを引き起こすはずがない、として医師たちは首を傾げました。医師の一人が「立ち眩みや眩暈《めまい》はありませんか？」と尋ねたので、私は「椅子から立ち上がる時や本棚の上の方を見ると目が眩んでしまう」と述べました。それを聞いて、さっそく血液検査を行うことになったのです。体の別の箇所の疾患が腰の痛みに影響している可能性を疑ったのでしょう。その結果わかったことは、貧血・出血のマーカーであるヘモグロビン量（ＨＧＢ）の値が通常の半分以下に下がっていることでした。「体内のどこかで出血がある」との危険性を察知した医師は、さっそく胃カメラで胃の状態を撮影して胃潰瘍出血が生じている可能性が高いと判断しました。急遽入院して輸血を行い、絶対安静にして様子を診ることになったのが二〇二三年一二月二六日のことです。緊急手当てが功を奏して出血はすぐに止まり、二日後にはHGB量は増加に転じて回復の兆しが見られるようになりました。年の暮れの一二月二八日に退院し、お正月は自宅でゆっくり静養することになりました。実はこれは入り口で、当時はその背景に潜んでいる病魔に気が付かなかったのです。

二月になって、胃カメラによる胃壁の写真を丁寧に見ていた消化器内科の医者が重大な発見をしたことが告げられた。まず、胃の上半部（A）と中央部（B）の二カ所にがん細胞が存在していること、そして胃からは外れているが肺細胞の縦隔（左右の肺に挟まれた部分）に腫瘍の存在を示唆する影が写っていることでした。さっそく、消化器内科と呼吸器外科の医師たちの合同検討会で、①まず肺の縦隔腫瘍の摘出手術を行う、②続いて胃の中央部にある（B）のがん細胞が深そうなので先に内視鏡手術を行う、③二カ月ほど体を休めてから胃の上半部にある（A）のがん細胞を内視鏡手術で除去する、という段取りとなりました。こうして、私は一気に三つの手術を行わなければならない重病人になってしまったのです。とはいえ、肺にも胃にも自覚症状はまったくなく、そのまま病巣が発見されていなかったら、私は何も気にすることなく、これまで通りの「健康な」生活を送っていたことと思います。そして、おそらく病巣が拡大し、がん細胞の転移が生じてから慌てて病院に駆け込むことになっていたのではないでしょうか。考えてみれば、車止めに引っかかってぶっ倒れたことが契機となって、いくつかの病魔が体に巣食っていることが暴かれたというわけです。

結局、四月に京都府立医大病院に入院して、上旬に①の肺の縦隔腫瘍摘出手術を受けたのが皮切りになって、病魔との戦いを開始しました。この手術は「ダ・ヴィンチ法」と呼ぶ一種のロボット施術で、腹部や胸の切開箇所が少なく体への負担が軽く済む方式だそうです。といっても、全身麻酔を行うので三時間以上手術の時間がかかりました。手術の結果では、胸の部分の傷跡は少なく、一週間で退院することができました。

続いて一週間おいて、②の胃の中央部（B）にあるがん細胞のESD（内視鏡的粘膜下層剥離術）を受けました。こちらは内視鏡を使っての手術なので、部分麻酔は一時間程度だし、体への負担もそう大きくはないので五日間で退院することができました。それから一週間経っての医師の診察の際、がん細胞が深い部分にあって内視鏡剥離術では除去できなかったことが告げられました。

この深い層の細胞が悪性かどうかの検査を行った結果、将来悪性の胃がんになる可能性が高く、通常は切除手術を行っている、とのことでした。そのまま放っておいて胃がんになり、リンパ球を通して全身への転移が起こる確率は一〇〜一五％ということでした。確率論では、何も手当てをせずに放っておいた場合、八五％はがん細胞の転移は生じないということなのです。しかし、そのまま確率論で将来を考えることは危険であることは、私自身よく知っています。確率論は、これまでの同様な多数のケースの結果がどうなったかの割合を示すもので、あくまで結果の統計なのです。私個人のがん細胞がどうなるかの確率は、がんになって全身に転移するのが一〇〇％か、転移しないのが〇％かのいずれかで、過去の例は参考になりません。がんの転移を避けるために、医師からは、④がん細胞が存在する胃の部分（B）を含めて除去する手術を行う、という選択肢を強く勧められました。

六月になって、③胃の上方にあるがん細胞（A）のESD手術を受け、この部分のがん細胞は内視鏡で完全に除去できました。その結果、④の残る胃の中央部（B）にあるがん細胞を開腹手術によって行うかどうか、の決断を下さねばなりません。消化器外科の医師の見積もりでは、胃の三分の二は摘出しなければならない、ということでした。

という経過を経て、四回目の（B）のがん細胞を切除する手術を受けたのが一一月二三日でした。先のダ・ヴィンチ法と同様の体に優しいとされるロボット手術を行いました。全身麻酔で約五時間の手術時間という大手術であったにもかかわらず、退院できたのが二週間後の一二月七日でしたから、体への負担は小さく済んだようです。医師によれば、切除した部分は胃の5／6くらいにもなるとのことでした。

以上のように四回目の手術を終えて、現在は自宅療養中で、小さくなった胃を反映して、一日に少量の食事を何回も分けて摂る生活が始まっています。少し多く食べ過ぎたり、小さくなった胃が処理できるより早く食べたりすると、とたんに気分が悪くなってしばらくじっとしていなければなりません。小さくなった胃と付き合う生活は意外と大変なことであるとぼやいています。

以上、この一年の間に四回も手術を受けた経緯を書いたのは、八〇歳を前にしての私の焦りや追い詰められた気持を正直に記しておくためです。その病中に、遺書のつもりで講演録を書き直したのが本書で、原発問題と日本の軍拡の状況についての話題に絞りました。他に「新しい博物学」に関連する講演も以前から行っており、本書の続編として出版できたらと思い今準備しています。

本書を編むに当たって、青土社編集部の永井愛さんに厚く感謝します。

二〇二四年一二月一四日

池内了

池内 了（いけうち・さとる）
1944年、兵庫県生まれ。総合研究大学院大学名誉教授、名古屋大学名誉教授。専門は宇宙論、科学技術社会論。世界平和アピール七人委員会の委員でもあり、長年にわたり科学者の立場から平和を呼びかけ続けている。『お父さんが話してくれた宇宙の歴史（全4冊）』（岩波書店）で産経児童出版文化賞JR賞、日本科学読物賞を、『科学の考え方・学び方』（岩波ジュニア新書）で科学出版賞（講談社）、産経児童出版文化賞推薦を、『科学者は、なぜ軍事研究に手を染めてはいけないか』（みすず書房）で毎日出版文化賞特別賞をそれぞれ受賞。そのほかの著書に『宇宙研究のつれづれに』、『清少納言がみていた宇宙と、わたしたちのみている宇宙は同じなのか？』、『姫路回想譚』（以上、青土社）などがある。

これからの社会を考えるための科学講義
――天と地と人のあいだで

2025年2月15日　第1刷印刷
2025年2月28日　第1刷発行

著　者　　池内 了

発行者　　清水一人
発行所　　青土社
101-0051　東京都千代田区神田神保町1-29　市瀬ビル
電話　03-3291-9831（編集部）　03-3294-7829（営業部）
振替　00190-7-192955

装　幀　　重実生哉
印刷・製本　双文社印刷
組　版　　フレックスアート

ISBN978-4-7917-7701-3 Printed in Japan